Elemente der Mathematik

NIEDERSACHSEN
8. Schuljahr
Lösungen

Herausgegeben von

Heinz Griesel

Helmut Postel

Friedrich Suhr

Schroedel

ELEMENTE DER MATHEMATIK 8
Lösungen

Herausgegeben von
Prof. Dr. Heinz Griesel, Prof. Helmut Postel, Friedrich Suhr

Bearbeitet von
Christine Fiedler, Reinhard Kind, Werner Ladenthin, Prof. Dr. Matthias Ludwig,
Prof. Helmut Postel, Heinz Klaus Strick, Friedrich Suhr

Für Niedersachsen bearbeitet von
Arno Bierwirth, Reinhard Kind, Hans Kramer, Dr. Guido Pinkernell, Alheide Röttger,
Thomas Sperlich, Friedrich Suhr, Wilhelm Weiskirch

Druck A[1] / Jahr 2007

Alle Drucke der Serie A sind im Unterricht parallel verwendbar.
Die letzte Zahl bezeichnet das Jahr des Druckes.

Redaktion: Claus Peter Witt
Herstellung: Reinhard Hörner
Umschlagsfoto: Scott Markewitz - Getty Images, München
Umschlagsentwurf: Loeper & Wulf, Hannover
Zeichnungen: Günter Schlierf, Michael Wojczak
Satz: Christina Gundlach
Druck: pva Druck und Mediendienstleistungen, Landau

ISBN 978-3-507-87218-9

Inhaltsverzeichnis

1. Terme und Gleichungen mit Klammern

2. Lineare Gleichungen mit zwei Variablen – Systeme linearer Gleichungen

3. Quadratwurzeln – Reelle Zahlen

4. Satz des Pythagoras

5. Parabeln – Quadratische Funktionen und Gleichungen

1. Terme und Gleichungen mit Klammern

8

Lernfeld: Klammern gewähren Vorrang

1. Auftrag Ein Trapez – viele Formeln

1. Punkt: Zuerst muss die Figur geometrisch interpretiert und begründet werden. Dabei wird die Flächeninhaltsberechnung zurückgeführt auf die Berechnung in Dreiecken, Parallelogrammen oder Rechtecken. Verwendet werden dabei Kenntnisse über die Eigenschaften der betreffenden Figuren.

1. Hier führt man das Problem durch Ergänzung mit demselben Trapez auf die Flächeninhaltsberechnung in Parallelogrammen zurück:
   Beim Trapez sind zwei Seiten parallel, deshalb ergänzen sich benachbarte Winkel an verschiedenen Parallelen zu 180°. Somit erhält man durch die Ergänzung ein Parallelogramm, da gegenüberliegende Winkel gleich groß sind. Für den Flächeninhalt des Parallelogramms gilt: Grundseite (hier a + c) mal Höhe. Durch die Ergänzung ist dieser Flächeninhalt doppelt so groß wie der gesuchte.
2. Hier führt man das Problem durch Zerlegung zurück auf die Flächeninhaltsberechnung in Parallelogramm und Dreieck.
   Man zerlegt mithilfe einer Strecke durch die linke obere Ecke parallel zur rechten Seite. So erhält man wegen der Parallelität von a und c ein Parallelogramm mit der Grundseitenlänge c und derselben Höhe h wie das Trapez, außerdem ein Dreieck mit der Grundseitenlänge (a – c) und der genannten Höhe h.
   Flächeninhalt des Parallelogramms: $A_P = c \cdot h$.
   Flächeninhalt des Dreiecks: $A_D = \frac{1}{2} \cdot (a - c) \cdot h$.
   Die Summe der beiden Flächeninhalte ergibt wegen der Zerlegung den Flächeninhalt des Trapezes. $A = c \cdot h + \frac{1}{2} \cdot (a - c) \cdot h$.
3. Zerlegen und Umlegen zu einem Rechteck. Man betrachtet die beiden rechten Dreiecke. Der kleinste Winkel ist gleich, da es sich um Scheitelwinkel handelt. Die längste Seite ist gleich lang, da die Trapezseite vom roten Punkt halbiert wird und der rechte Winkel ist nach Konstruktion gleich. Gemäß der Kongruenzsätze sind die Dreiecke also tatsächlich gleich. Die Grundseitenlänge ist damit der Mittelwert aus a und c. $A = \frac{(a+c)}{2} \cdot h$.
4. Zerlegung des Trapezes in zwei Dreiecke mit der gleichen Höhe h. Für das linke Dreieck ist die Grundseite c, für das rechte a. Somit gilt:
   $A_{D_{links}} = c \cdot \frac{h}{2}$ und $A_{D_{rechts}} = a \cdot \frac{h}{2}$, somit gilt $A = c \cdot \frac{h}{2} + a \cdot \frac{h}{2}$.

8 *2. Punkt:* Eine weitere Möglichkeit wäre: Man ergänzt das Trapez mit zwei Dreiecken zu einem Rechteck mit dem Flächeninhalt $A_R = a \cdot h$.

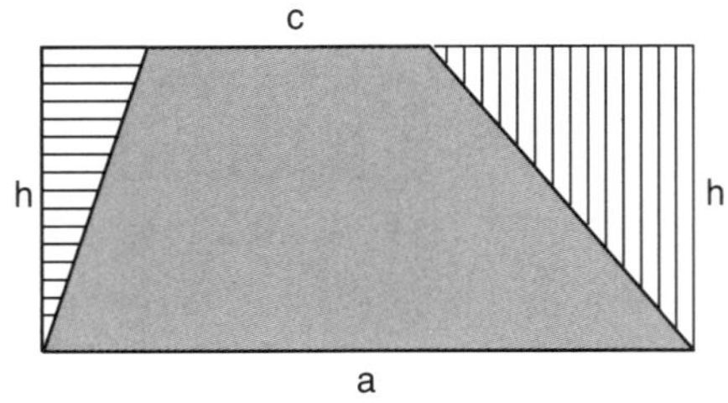

Die beiden Dreiecke lassen sich zusammensetzen zu einem Dreieck mit der Grundseitenlänge a – c und der zugehörigen Höhe h. Also haben sie einen gemeinsamen Flächeninhalt von $A_D = (a - c) \cdot \frac{h}{2}$. Diesen müssen wir von dem Flächeninhalt des Rechtecks abziehen um den Flächeninhalt des Trapezes zu erhalten.

$$A = a \cdot h - \frac{(a-c) \cdot h}{2}$$

3. Punkt: Keine Lösungen

2. Auftrag: Von Zahlenmauern zu Termmauern

Druckfehler in der 1. Auflage: Die richtigen Mauern sind:

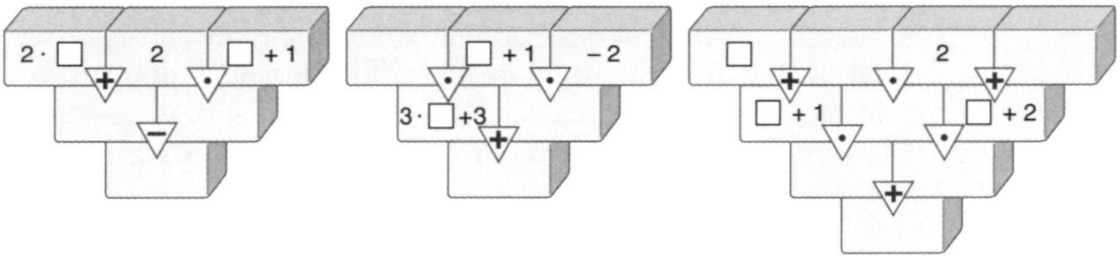

1. Punkt: „Was fällt auf?" Folgende Vermutungen dürften so oder in einem ähnlichen Wortlaut zu erwarten sein:

- In der ersten Zahlenmauer enthält das letzte Feld immer eine null, egal welche Zahl für den Platzhalter eingesetzt wird.
- In der zweiten Zahlenmauer enthält das letzte Feld immer eine Zahl, die um 1 größer als die eingesetzte Zahl ist.
- In der dritten Zahlenmauer enthält das letzte Feld immer das Vierfache der eingesetzten Zahl vermehrt um 6 („plus 6").

„Begründe": Die Vermutungen dürften an mehreren Zahlenwerten überprüft worden sein, sodass das Ersetzen des Platzhalters durch eine Variable naheliegend ist, z. B. durch ein x. Die Rechnung innerhalb der Zahlenmauer kann wie mit konkreten Zahlenwerten durchgeführt werden, wobei ggf. ein Hinweis nötig sein könnte, das Setzen von Klammern nicht zu vergessen. Der im letzten Feld enthaltene Term weist darauf hin, welches Ziel die Termvereinfachung jeweils hat:

- Erste Zahlenmauer: $2 \cdot x + 2 - 2 \cdot (x + 1)$ muss gleich null sein. Das ist deshalb so, weil $2 \cdot (x + 1) = 2 \cdot x + 2$ ist.
- Zweite Zahlenmauer: $3 \cdot x + 3 + (x + 1) \cdot (-2)$ muss gleich $x + 1$ sein. Das liegt daran, weil $(x + 1) \cdot (-2) = -2 \cdot x - 2$ ist.
- Dritte Zahlenmauer: $(x + 1) \cdot 2 + 2 \cdot (x + 1)$ muss gleich $4x + 6$ sein. Dies kann anhand der Verfahren aus den ersten beiden Zahlenmauern begründet oder entwickelt werden.

9 *Punkt 2:* Durch Einsetzen beobachtet man: Für jede Zahl a ergibt sich im letzten Feld das Quadrat dieser Zahl „minus 1", also der Wert $1-a^2$. Aus den anderen Feldern stellt man für das letzte Feld den Term (a + 1) · (1 – a) auf. Die Gleichwertigkeit beider Terme ergibt sich durch mehrfaches Klammerauflösen oder auch durch ein tabellarisches bzw. grafisches Verfahren.

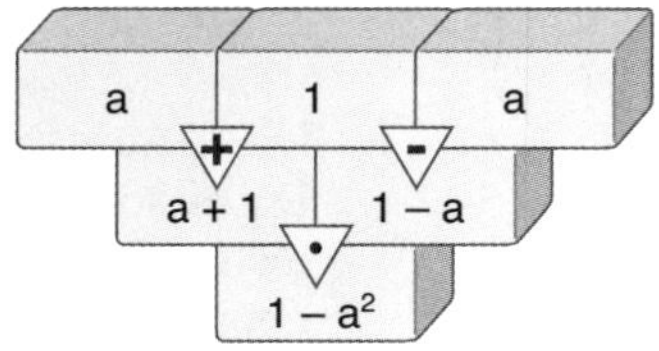

Punkt 3:
Druckfehler in der 1. Auflage: Richtig sind folgende Mauern:

Hannes:

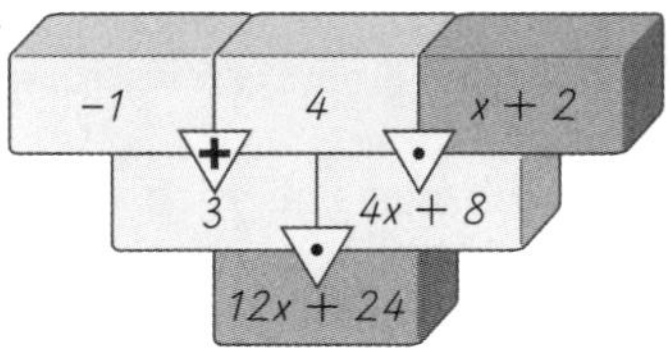

Gerit:

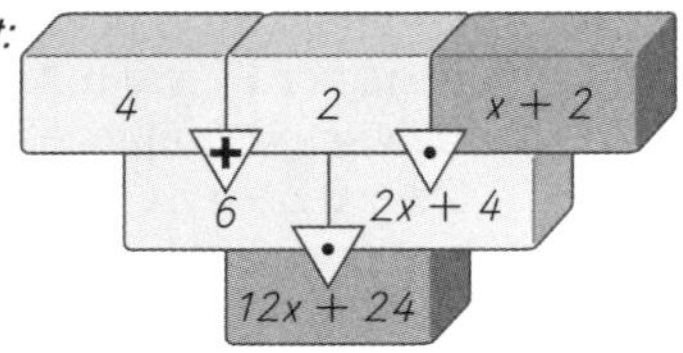

Zur fünften und sechsten Zahlenmauer: Zuerst ist (durch Nachrechnen) zu begründen, dass beide Mauern tatsächlich korrekt ausgefüllt sind. Vielleicht kommen die Schüler/innen bei der Suche nach weiteren Lösungen mit den üblichen ganzzahligen Einträgen auf folgende Regel: Man muss in das mittlere Feld der ersten Zeile einen (positiven oder negativen) Teiler von 12 eintragen. Der Rest der Mauer ergibt sich dann zwangsläufig.

Punkt 4: Zur siebten Zahlenmauer. Eine mögliche Lösung ergibt sich durch wiederholtes Ausklammern vom letzten Feld zum ersten (siehe Bild).
Weitere Lösungen ergeben sich, wenn andere Teiler von 360, auch in anderer Reihenfolge, ausgeklammert werden. Dies führt auch zu einer Idee, wie die Mauer vergrößert werden könnte. Daneben gibt es u. a. auch die einfache Lösung, immer nur 1 auszuklammern.

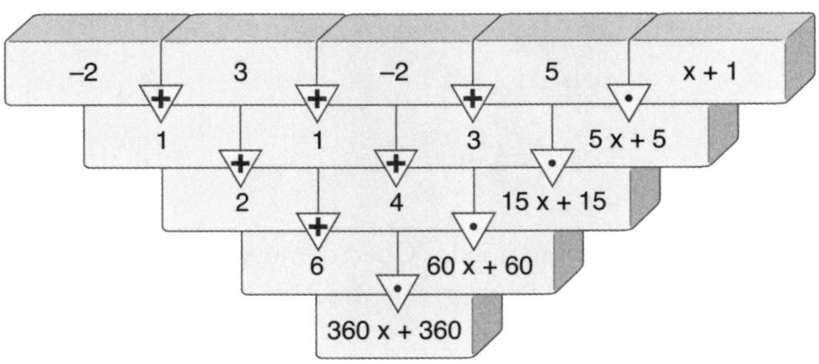

9 **3. Auftrag: CAS mit Namen**

Diese Aufgaben sind sinnvollerweise mit einem eingeführten CAS zu bearbeiten. Dabei sollte Raum für das Erkunden der verborgenen Regeln für die Klammerrechnung gelassen werden. Zum Beispiel bei der Fehlersuche bei falsch eingetippten Eingabetermen bei „Werner“ oder durch Ausprobieren der gesuchten Eingabetermen bei „Hannah“.

1. Punkt:
Druckfehler in der 1. Auflage im 3. Satz des Textes: „Findest du noch andere Möglichkeiten, aus ihrem Namen eine Null zu erzeugen?“
Die Lösungen werden die Schüler/innen im wesentlichen durch Ausprobieren ermitteln. In dem einen oder anderen Fall sollte man einen Schüler dazu auffordern, der Klasse mit seinem Rechner und einem Viewscreen seinen Weg zur richtigen Lösung zu beschreiben.
Zu erwarten ist bei diesem Aufgabenformat sicherlich, dass die Schüler die eigenen oder andere Namen ausprobieren. Diese können als selbst gestellte (Haus-) Aufgaben an die Klasse weiter gereicht werden. Hierzu werden sie in der letzten Aufgabe aufgefordert.

1.1 Auflösen einer Klammer

11 **2. a)** Die Division wird auf die Multiplikation mit dem Kehrwert zurückgeführt.

b) (1) $(4a+6b):\frac{2}{3}$
$=(4a+6b)\cdot\frac{3}{2}$
$=4a\cdot\frac{3}{2}+6b\cdot\frac{3}{2}$
$=6a+9b$

(2) $(8p-12q):4$
$=(8p-12q)\cdot\frac{1}{4}$
$=8p\cdot\frac{1}{4}-12q\cdot\frac{1}{4}$
$=2p-3q$

(3) $(6x-9y):(-3)$
$=(6x-9y)\cdot\left(-\frac{1}{3}\right)$
$=6x\cdot\left(-\frac{1}{3}\right)-9y\cdot\left(-\frac{1}{3}\right)$
$=-2x+3y$

(4) $(12r-9s):\left(-\frac{3}{4}\right)$
$=(12r-9s)\cdot\left(-\frac{4}{3}\right)$
$=12r\cdot\left(-\frac{4}{3}\right)-9s\cdot\left(-\frac{4}{3}\right)$
$=-16r+12s$

c) Man dividiert jedes Glied der algebraischen Summe in der Klammer durch den Divisor. Die Zeichen + und – werden nach den Vorzeichenregeln gesetzt.

d) $(a+b):c=(a+b)\cdot\frac{1}{c}=a\cdot\frac{1}{c}+b\cdot\frac{1}{c}$

3. a) - Ausmultiplizieren der Klammer
- konstante Terme auf rechter Seite subtrahieren
- durch Vorfaktor der Variablen dividieren

b) (1) $x = 12{,}5$ (2) $x=-\frac{1}{5}$ (3) Gleichung keine Lösung

11 **4.** -

12 **5.** **a)** $A = a \cdot c + a \cdot b$ $A = a \cdot (b + c)$

b) $A = 704\ m^2$

c) Diesem Beispiel kann man das Distributivgesetz entnehmen.

6. **a)** $5x + 5y$; $2{,}1 + 0{,}7x$; $-8y - 56$

b) $7x + 7y$; $9{,}5x + 38$; $-3 - 3x$

c) $xa + xb$; $xz + yz$; $rt + st$

d) $x + xy$; $-kr - k$; $a + ab$

e) $9x - 9y$; $7x - 7y$; $-5x + 5y$

f) $x - xy$; $xy - y$; $-3a + 3b$

g) $4 - 4u^2$; $r^2 - r$; $-s + st$

h) $-4a - 4b$; $6 - 2x$; $u + u^2$

7. **a)** $56x + 35$; $36t + 4$; $80b + 60$

b) $30x - 20y$; $-63a + 36b$; $-60d + 135c$

c) $7ax + 5ay$; $3rt - 14st$; $-8ac - 7bc$

d) $0{,}5cx + 3{,}7cy$; $12a - 38b$; $-4u - 14v$

8. $2x \cdot (x + y) = 2x^2 + 2xy$

$2x \cdot (z - 1) = 2xz - 2x$

$2x \cdot (2u - v) = 4xu - 2xv$

$(-3v) \cdot (x + y) = -3vx - 3vy$

$(-3v) \cdot (z - 1) = -3vz + 3v$

$(-3v) \cdot (2u - v) = -6uv + 3v^2$

$u \cdot (x + y) = ux + uy$

$u \cdot (z - 1) = uz - u$

$u \cdot (2u - v) = 2u^2 - uv$

$(-3) \cdot (x + y) = -3x - 3y$

$(-3) \cdot (z - 1) = -3z + 3$

$(-3) \cdot (2u - v) = -6u + 3v$

9. **a)** $35ab + 5ac$; $9rx + 99ry$; $24xz - 28yz$; $-15st - 100su$

b) $-15r - 5st$; $-8v + 26t$; $0{,}15ab + 0{,}36ac$; $\frac{x^2}{6} + \frac{xy}{4}$

10. -

11. **a)** $3ax + 8ay + 7az$; $4ax + 36bx + 20cx$; $-48ut - 60tv - 12tw$; $-160qr - 120qs - 96qt$

b) $2{,}5xy + 7{,}1y^2 + 8{,}3yz$; $6{,}3x - 1{,}26y + 13{,}86z$; $14xz + 0{,}9yz + 0{,}06z$; $-2{,}5k^2 - kt - 12{,}5kz$

c) $9t - 69k - 78q$; $-28r^2 - 30r + 8rs$; $\frac{1}{4}a^2 - \frac{1}{9}ab + \frac{3}{8}ac$

12

12. Wertgleich sind:

$4(3+x)=8(x+1)+4(1-x)=4x+12$

$6(x^2+1)+2=2x^2+4(x^2+2)=6x^2+8$

$3(x^2+1)+1=3x(x-1)+3x+4=3x^2+4$

$2(x+1)+4=2x+6$

13

13. **a)** Die Variablen in der Klammer wurden alphabetisch sortiert.
b) Die Klammer wurde aufgelöst und nach den Potenzen von x sortiert.

14. **a)** $12a^3b-15a^2b^2+9ab^3$
b) $20u^3v^2-24u^2v^2-28u^2v^3$
c) $-6p^3q^2+6p^2q^3-8p^3q^3-2pq^4$
d) $12x^4y^4-6x^3y^5+12x^3y^3-21x^2y^4$
e) $2r^2s^5-r^3s^4+\frac{3}{2}r^4s^3+\frac{1}{2}rs^6$
f) $0{,}8x^4y^4-0{,}4x^3y^5+0{,}6x^2y^6-xy^4$

15. **a)** Jedes Glied der Summe wird durch 2 dividiert.
b) (1) $(6a-3b):3$
$=6a:3-3b:3$
$=2a-b$

(2) $(8a+12b):4$
$=8a:4+12b:4$
$=2a+3b$

(3) $\left(\frac{1}{2}x+\frac{3}{2}y\right):\frac{1}{2}$
$=\frac{1}{2}x:\frac{1}{2}+\frac{3}{2}y:\frac{1}{2}$
$=x+3y$

(4) $\left(14c-8d^2\right):(-4)$
$=14c:(-4)-8d^2:(-4)$
$=-\frac{7}{2}c+2d^2$

(5) $\left(8u^2-\frac{1}{2}\right):\left(-\frac{3}{4}\right)$
$=8u^2:\left(-\frac{3}{4}\right)-\frac{1}{2}:\left(-\frac{3}{4}\right)$
$=-\frac{32}{3}u^2+\frac{2}{3}$

(6) $(3p+4{,}5q):1{,}5$
$=3p:1{,}5+4{,}5q:1{,}5$
$=2p+3q$

(7) $\left(2{,}5r-3s^2\right):0{,}5$
$=2{,}5r:0{,}5-3s^2:0{,}5$
$=5r-6s^2$

16. **a)** $2a-8+15+6a=8a+7$
b) $28-14b+16+4b=-10b+44$
c) $8x^2-4x+3x^2+3x=11x^2-x$
d) $24-18d+14d-7d^2=-7d^2-4d+24$
e) $0{,}7y^2-0{,}7y-0{,}6y+0{,}3=0{,}7y^2-1{,}3y+0{,}3$
f) $3u^2-2u+6u^2-4u=9u^2-6u$

13 **17.** **a)** $5a - 3b + 7a - 7b = 12a - 10b$
$xy - 9x + 3x - xy = -6x$
$7x + 7y + 3x - 3y = 10x + 4y$

b) $12x - 20y - 7x + 11y = 5x - 9y$
$b + 40a + 80b - 40a = 81b$
$r - 3s + 42r + 56s = 43r + 53s$

c) $3r - 4s + 5s - 4r = -r + s$
$7a + \frac{3}{5}b + 11 - \frac{1}{2}b = 7a + \frac{1}{10}b + 11$
$-2x + 2x^2 + x^2 + 4x = 2x + 3x^2$

18. $x \cdot (x-2) + 4x - x^2 = 2x$
Herr Hultsch muss das Ergebnis nur halbieren, dann hat er die gesuchte Zahl x.

19. **a)** $7a - 3b + 9(a + 2b) = 16a - 15b$
b) $(x + 4y) \cdot 2 + 3(-6x - y) = -16x + 5y$
c) $-4(3r + 2) + 6(+2r + 5) = 22$
d) $\frac{3}{4}u(20 - 8v) + \frac{2}{3}v(9u - 33) = 15u - 22v$

14 **20.** **a)** $4 \cdot a \cdot h + 4 \cdot a \cdot \frac{2}{3}a + 2 \cdot a^2 + 2 \cdot a + h = 4ah + \frac{14}{3}a^2 + 2a + h$
b) (1) 442,5 (2) 214,17

21.
$$
\begin{aligned}
x - 2(x - 10) &= 17 \\
x - 2x + 20 &= 17 \\
-x + 20 &= 17 \quad | -20 \\
-x &= -3 \quad | :(-1) \\
x &= 3 \\
L &= \{3\}
\end{aligned}
$$

22. **a)** $L = \{46\}$ **b)** $L = \{4\}$ **c)** $L = \{2\}$ **d)** $L = \{-3\}$ **e)** $L = \left\{\frac{15}{81}\right\}$ $= \frac{5}{27}$ **f)** $L = \{1\}$

23. **a)** Julia hat die Klammern nicht durch Multiplizieren aufgelöst, sondern beide Seiten der Gleichung durch 4 dividiert.
b) (1) $L = \{4\}$ (2) $L = \{2\}$ (3) $L = \{-5\}$ (4) $L = \{15\}$ (5) $L = \{-3\}$ (6) $L = \{3\}$

24. **a)** Volker hat die Klammern ausmultipliziert und dann die Seiten einzeln zusammengefasst.
Gunnar und Gregor haben zunächst 2(x + 1) auf beiden Seiten subtrahiert.
Gunnar dann x nach links gebracht, Gregor nach rechts.
b) Gunnars und Gregors Weg sind fast identisch und gleich schnell, Volkers ist aufwändiger.

14 **25.** **a)** $L=\left\{\frac{1}{9}\right\}$ **c)** $L=\{5\}$ **e)** $L=\{1\}$

b) $L=\left\{\frac{5}{9}\right\}$ **d)** $L=\left\{-\frac{14}{3}\right\}$ $= -4\frac{2}{3}$ **f)** $L=\{4\}$

15 **26.** **a)** $L=\{-15\}$ **b)** $L=\{12{,}5\}$ **c)** $L=\{1\}$ **d)** $L=\{1{,}6\}$

27. **a)** $L=\{x\in\mathbb{Q} \mid x>-3\}$ **c)** $L=\left\{x\in\mathbb{Q} \;\middle|\; x>-\frac{19}{3}\right\}$

b) $L=\{x\in\mathbb{Q} \mid x>-5\}$ **d)** $L=\{x\in\mathbb{Q} \mid x\geq 0{,}07\}$

28. **a)** $x=-9$ $\left[x=\frac{37}{7};\ x=\frac{72}{7}\right]$ **c)** $x=2$ $\left[x=3;\ x=\frac{21}{8};\ x=8\right]$

b) $x=86$ $\left[x=\frac{1}{2};\ x=0\right]$

29. **a)** Sarah vermeidet das Rechnen mit Brüchen. $L=\{x\in\mathbb{Q} \mid x<-24\}$

b) Man kann das Rechnen mit Brüchen vermeiden, wenn man sie durch Multiplikation beider Seiten der Gleichung mit einem gemeinsamen Nenner beseitigt.

c) (1) $L=\{3\}$ (2) $L=\left\{x\in\mathbb{Q} \;\middle|\; x<-\frac{1}{2}\right\}$ (3) $L=\left\{x\in\mathbb{Q} \;\middle|\; x<-\frac{34}{3}\right\}$

30. **a)** $L=\left\{\frac{27}{4}\right\}$ **c)** $L=\{10\}$ **e)** $L=\left\{\frac{2}{5}\right\}$

b) $L=\{-4\}$ **d)** $L=\left\{\frac{5}{16}\right\}$

31. **a)** $(7-x)\cdot 5=15$; $L=\{4\}$ **c)** $(2x+5):3=7$; $L=\{8\}$

b) $(x+1{,}5)\cdot 2=\frac{x}{3}$; $L=\left\{-\frac{9}{5}\right\}$ **d)** $(10-3x)\cdot 1{,}5=6$; $L=\{2\}$

32. -

33. x: Länge der kürzesten Kante (in cm)

Gleichung: $4x+4\cdot(2x)+4(x+12)=144$ *Lösung:* $x=6$

Antwort: Die kürzeste Seite ist 6 cm, die mittlere 12 cm und die längste 18 cm lang.

Das Volumen ist $V = 18\text{ cm}\cdot 12\text{ cm}\cdot 6\text{ cm} = 1\,296\text{ cm}^3$.

16 **34.** x: Größe der Grundfläche (in cm²)

Gleichung: $2x+2\cdot\left(\frac{1}{2}x\right)+2\cdot(x-10)=280$ *Lösung:* $x=60$

Antwort: Die Grundfläche ist 60 cm^2 groß, eine kleine Seitenfläche 30 cm^2 und eine große Seitenfläche 50 cm^2 groß.

35. x: Ursprüngliche Anzahl der Nüsse in der linken Tasche

Gleichung: $3x-30=\frac{1}{3}(x+30)$ *Lösung:* $x=15$

Antwort: Er hatte 15 Nüsse in der linken und 45 Nüsse in der rechten Tasche.

16

36. *Frage:* Wie viele Flaschen will er kaufen?
Gleichung: $x \cdot 0{,}5 = (x + 3) \cdot 0{,}60$ (x: Anzahl der Flaschen zu 0,75 €)
Lösung: $x = 12$
Antwort: Er will 12 Flaschen kaufen. Sie kosten 9 €. Dafür kann er im Supermarkt 15 Flaschen kaufen.

37. **a)** x: Anzahl der Jahre bis die Großmutter fünfmal so alt ist
Gleichung: $84 + x = 5 \cdot (8 + x)$ *Lösung:* $x = 11$
Antwort: In 11 Jahren ist die Großmutter fünfmal so alt wie die Enkelin. Sie ist dann 95 Jahre, die Enkelin 19 Jahre alt.
b) x: Anzahl der Jahre, vor denen die Großmutter zwanzigmal so alt war
Gleichung: $84 - x = 20 \cdot (8 - x)$ *Lösung:* $x = 4$
Antwort: Vor 4 Jahren war die Großmutter zwanzigmal so alt wie die Enkelin. Sie war damals 80 Jahre, die Enkelin 4 Jahre alt.

38. x: Alter des Sohnes heute (in Jahren)
Gleichung: $x + 16 + 2 \cdot (x + 16) = 40 + 2 \cdot 16$ *Lösung:* $x = 8$
Antwort: Der Sohn ist heute 8 Jahre, der Vater 32 Jahre alt. In 16 Jahren ist der Sohn 24 Jahre, der Vater 48 Jahre alt.

39. x: Alter der Schwester heute (in Jahren)
Gleichung: $2x - 4 = (x - 4) \cdot 4$ *Lösung:* $x = 6$
Antwort: Der Junge ist heute 12 Jahre, die Schwester 6 Jahre alt. Vor 4 Jahren war der Junge 8 Jahre, die Schwester 2 Jahre alt.

40. Ute ist 16 Jahre älter als Eva.
x: Alter von Eva (in Jahren)
Gleichung: $\frac{1}{2}x = \frac{1}{3}(x + 16)$ *Lösung:* $x = 32$
Antwort: Eva ist 32 Jahre, Ute 48 Jahre und Ole 53 Jahre alt.

41. x: Anzahl der Bienen
Gleichung: $\frac{1}{5}x + \frac{1}{3}x + 3 \cdot \left(\frac{1}{3}x - \frac{1}{5}x\right) + 1 = x$ *Lösung:* $x = 15$
Antwort: Es sind 15 Bienen.

42. x: Anzahl der Schafe
Gleichung: $\left(x - \left(\frac{1}{2}x + 3\right)\right) \cdot 8 = x - \left(\frac{1}{2}x + 3\right) + 7$ *Lösung:* $x = 8$

1.2 Minuszeichen vor einer Klammer – Subtrahieren einer Klammer

17

2. **a)** 100 € – (h € + p €) = 100 € – h € – p €
b) 100 € – (102 € – x €) = –2 € + x €

18

3. **a)** $-a - b$

$-x + y$

b) $-4x - y$

$u + 7v$

c) $-3 - x + 2 = -1 - x$

$-a^2 + b^2 - b^2 = -a^2$

d) $-3x + y + 2x - 2y = -x - y$

$-r - 0{,}9x + r - rx = -0{,}9x - rx$

4. **a)** $x - y - z$; $x - y + z$ **b)** $2x + y$; $6r + s$ **c)** $2a + 3b$; $9x + 7z$ **d)** $6 + a - b$; $5r + s - 5$

5. $x - y - 2z$; $x - (y + 2z)$

6. $h - (r + t)$; $h + t - r$

7. **a)** $-5{,}8a - b$; $-0{,}8u + 4{,}5v$ **b)** $-23x - 15y$; $2{,}5s$ **c)** $3a - 25b$; $\frac{2}{3}t^2$

8. 1) $\left(x^2 + y\right) - \left(x^2 - y\right)$

$= x^2 + y - x^2 \mathbf{+} y$

$= 2y$

2) $u^2 - 2\left(v + u^2\right)$

$= u^2 - 2v - \mathbf{2}u^2$

$= -u^2 - 2v$

3) $-(r - (s - r))$

$= -r + (s \mathbf{-} r)$

$= -r + s - r$

$= -2r + s$

9. -

10. **a)** $-2b$; 0 **b)** $-mn + 1$; -11 **c)** $2u^2v - uv^2 - v^3$; $2p^3q + p^2q^2 - 2p^3 - pq^2$

11. **a)** $-4(3x + 2) \mathbf{+} 3x - 4 = + 3x - 12\mathbf{(x + 1)}$

b) $x(2 - 7) + 4x \mathbf{-} 2 = 6x \mathbf{+} 4 - 3x + 1 - \mathbf{4x} - 7$

c) $3(a - 4) + 2a - 6 - a = 4\mathbf{(a - 2)} - 10$

d) $\mathbf{3(a - 1)} + 3a - 9 - (a - 2) = 2a - 8 \mathbf{+} 3a \mathbf{-} 2$

12. -

13. **a)** $L = \left\{-\frac{1}{2}\right\}$

b) $L = \{0\}$

c) $L = \{-2\}$

d) $L = \{\ \}$

e) $L = \{-19\}$

f) $L = \left\{w \in \mathbb{Q} \mid w > \frac{165}{64}\right\}$

1.3 Ausklammern

19

2. **a)** $10\left(x^2+y\right)$ **b)** $-4\,(a+b)$

3. **a)** z. B. $3\,(x+x)$ **b)** z. B. $4\,(2a+3b)$ **c)** z. B. $x\,(4+a)$ **d)** z. B. $3pq\,(p+2)$ **e)** z. B. $4x^2z(2x-1)$ **f)** z. B. $7\,(u-1)$

4. **a)** $5\,(a+b)$; $13\,(r+s)$ **b)** $11\,(x-y)$; $19\,(u-v)$ **c)** $7\,(x+yz)$; $2\left(rs+t^2\right)$ **d)** $9\,(1-x)$; $\frac{4}{5}(u+1)$ **e)** $5\,(5a-3b)$; $3\left(r^2+6s^2\right)$

20

5. **a)** $b\,(4+a)$; $x\,(3-y)$; $r\,(s+r)$ **b)** $x\,(y-z)$; $v\,(u+w)$; $t\,(1+t)$ **c)** $a\,(1+5b)$; $x\,(x-2y)$; $r\,(r-1)$ **d)** $b\,(4a-9c)$; $b\left(a^2+zb\right)$; $x\,(xy+1)$ **e)** $a\,(4b+3a)$; $r\,(5s-1)$; $u\left(-8v^2-ux\right)$

6. Anna: $4xy-4xz=4x\,(y-z)$
Dario: $6x^6y+4x^3z=2x^3\left(x^3y+2z\right)$
Bert: richtig
Elke: $15pq+24pq^2+3q=3q(5p+8pq+1)$
Christian: $-30cd-24ce=-6c\,(5d+4e)$
Fabian: $-27u^2v+15uvw=-3uv(9u-5w)$

7. **a)** $x\,(3+2y)$; $a\left(7b^2+2c\right)$ **b)** $q\,(5p-3n)$; $7\,(rs-px)$ **c)** $-9\,(x+y)$; $12\,(2x+y)$ **d)** $8\left(ab-2c^2\right)$; $2x\,(y+z)$ **e)** $7b\,(11a-c)$; $3x\,(3y-1)$ **f)** $-9x\,(y-z)$; $-4a\left(b^2+6c^2\right)$ **g)** $6u\,(4v-6u)$; $25p^2(4+5p)$ **h)** $125r^2s$; $8a^2(2-3ab)$

8. *Beispiele:*
a) $3x+3y=3\,(x+y)$
b) $7ab-8ab=ab\,(7-8)$
c) $8a+7a=a\,(8+7)$
d) $9x^2y+2x^2y=x^2y(9+2)$
e) $4yz^2-4yz=4yz(z-1)$

20

9. **a)** $4a\,(2a + 1)$ | **b)** $3a^2b\left(3 - a^2\right)$ | **c)** $2ab\,(2b + 3a + 5)$

$3x\left(9x^3 - 1\right)$ | $2a^3b\left(5a^2 + 4b\right)$ | $-xy\,(12x + 9y - 5)$

$x^2\left(2x^3 - 5\right)$ | $\frac{3}{4}(x + y + z)$ | $5pq\,(2 + 3p - 4q)$

10. **a)** $9a\,(b + c)$, $5r\,(r - s)$, $7x\,(y + 1)$

c) $v\,(8u - w)$, $ab\,(0{,}5 + c)$, $\frac{1}{12}y(x + z)$

e) $5u\,(3v - t + 4r - 9v)$, $6s\,(2r - 3t - 5s - 7rt)$, $\frac{1}{5}a(2b + 2ac - 4bc - 1)$

b) $4x\,(y + z)$, $17y^2(x - z)$, $r\left(9q^2 + 7t^2\right)$

d) $a\,(ab - c)$, $8y\left(100xy + 3t^2\right)$, $9uv\,(2u - 111)$

f) $4a\left(2b + 3a + 15b^2\right)$, $25x^2\left(3xuv + 5r^2 - 6x^2\right)$, $7s\,(6r + 8t - 5s + 13rt)$

11. **a)** $24x^2z + 18xz^2 = \mathbf{6}xz(4\mathbf{x} + \mathbf{3}z)$

b) $15abc - \mathbf{10}a^2bc = \mathbf{5}ac(3b - 2a\mathbf{b})$

c) $-27uv^2 - 24u^{\mathbf{2}}v^{\mathbf{2}}w + 3u^2v\mathbf{w} = \mathbf{3}uv(-9v\ \mathbf{-}\ \mathbf{8}uvw + uw)$

d) $\frac{3}{8}rst - \frac{5}{8}r^{\mathbf{2}}st + \frac{7}{8}r^3s^{\mathbf{3}}t = \frac{1}{8}rst\left(\mathbf{3} - 5r + \mathbf{7}r^{\mathbf{2}}s^2\right)$

21

12. -

13. $u = 2(a + b)$

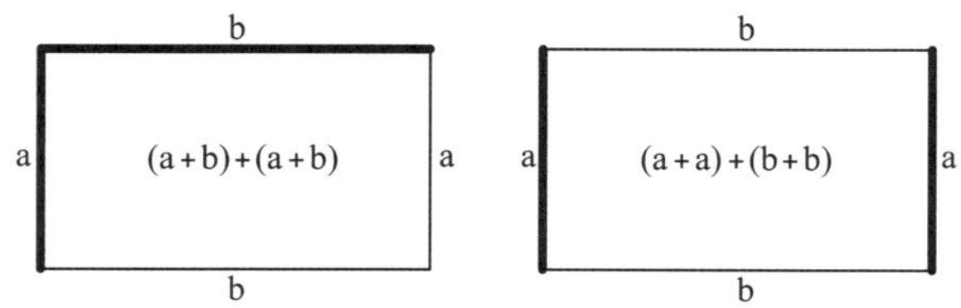

14. **a)** $16\,(x + y)$ | **c)** $-6\,(5x - 4y)$ | **e)** $\frac{5}{3}(4u - 11v)$

b) $26\,(x - y)$ | **d)** $7\,(a + 9b)$ | **f)** $-\frac{3}{8}\left(\frac{r}{11} - \frac{s}{13}\right)$

15. **a)** $-3\,(-4 + x)$ | **c)** $-a\,(b + 8)$ | **e)** $(-a)\,(-a + b)$

b) $-x\,(1 - y)$ | **d)** $-3x\,(-3 + 4y)$ | **f)** $(-y)\,(y - x)$

16. **a)** $(-1)\,(5 + a)$, $(-1)\,(b + 7)$

c) $(-1)\,(4 - q)$, $(-1)\,(q - 4)$

e) $(-1)\left(-x^2 + y^2 - 1\right)$, $(-1)\left(-r + s^2 - rs\right)$

b) $(-1)\left(r^2 + 9\right)$, $(-1)\,(ab - 20)$

d) $(-1)\,(-a + b)$, $(-1)\left(-x^2 + a^2\right)$

f) $(-1)\left(-\frac{4}{5} - x - y\right)$, $(-1)\left(a - b + \frac{1}{2}\right)$

21 **17.** **a)** $-(8x + 3)$ **c)** $-(8a - 5b)$ **e)** $-(2a - 5b + 9c)$
b) $-(-3x + 2y)$ **d)** $-(-3x - 4y + 7z)$ **f)** $-(x + 2y + 3z)$

18. 1) $-(-5x + y + 7)$ 3) $-(7x + 14y)$
2) $-(-3a + 2b - 4)$ 4) $-(-7a + 2x + 4y - 9)$

19. **a)** Der Term sollte so weit wie möglich durch Faktorisieren vereinfacht werden.
b) -

20. **a)** $O = 4ah + 2a^2$
b) $O = 2a(2h + a)$
Dies ist ein Rechteck mit den Seitenlängen 2a und 2h + a.
c) $O = 105 + 24{,}5 = 129{,}5$ $O = 7 \cdot (15 + 3{,}5) = 129{,}5$

1.4 Auflösen von zwei Klammern in einem Produkt

22 **2.** **a)** (1) $(a + b)(c + d)$ (2) $ad + bd + ac + bc$
b) 500 m²
c) Durch Anwenden von Rechengesetzen:

$$\begin{aligned}(a + b)(c + d) &= (a + b) \cdot e \quad (\text{für } c + d = e)\\ &= a \cdot e + b \cdot e \quad (\text{Distributivgesetz})\\ &= a \cdot (c + d) + b \cdot (c + d) \quad (\text{für } e = c + d)\\ &= a \cdot c + a \cdot d + b \cdot c + b \cdot d \quad (\text{Distributivgesetz})\end{aligned}$$

23 **3.** **a)** Die Flächeninhalte der Teilflächen werden addiert.
Flächeninhalte sind immer positiv.
b)

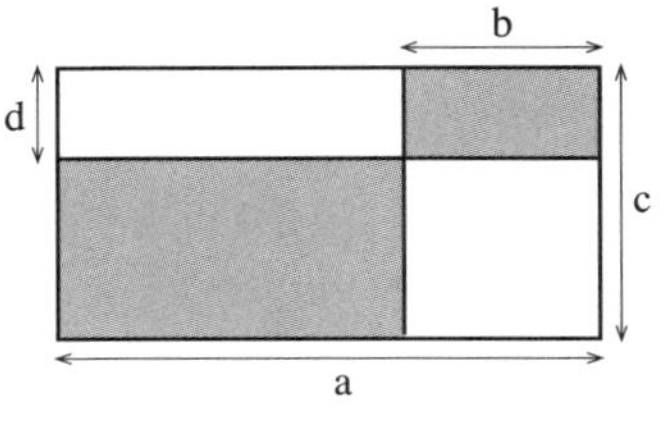

4. **a)** $xy + 4x + 7y + 28$
$ab - 3a + 9b - 27$
$ab - 8a - b + 8$
b) $ax + bx + ay + by$
$ux + vx - uy - vy$
$ux - vx - uy + vy$
c) $-2x - ax + 2y + ay$
$-ax + ay - bx + by$
$-u - v - ru - rv$

5. **a)** Christopher berechnet zuerst ein großes Rechteck und subtrahiert dann das zuviel berechnete.
Britta berechnet 2 schmale Rechtecke und subtrahiert einmal den überlappenden Anteil ab.

23

5. **b)** Christopher: $A = a \cdot b - ab + ac + cb - cc$
Britta: $A = a\,c + bc - cc$

6. **a)** $10a - a^2 - 10b + ab$

$6a - 2ac + 3b - bc$

$8rs - 16rt + s^2 - 2st$

$54xz + 27x - 24yz - 12y$

b) $40ac - 56ad - 15bc + 21bd$

$3x^2 - 16xy + 5y^2$

$-3a^2 + 9a + 18ab - 54b$

$-a^2 + 3a - ab^2 + 3b^2$

c) $\frac{2}{5} - \frac{7}{5}r + r^2$

$\frac{1}{64} - t^2$

$3a^2 + 35\frac{5}{6}ab - 2b^2$

7. -

8. -

9. **a)** $x^2 + 6{,}7x - 2{,}1$

$a^2 + 3a - 88$

$36 + 5x - x^2$

b) $-8a^2 + 4{,}2a - 0{,}45$

$4ax + a - 28x^2 - 7x$

$a^2 + ab - 2b^2$

c) $-x^2 - 3xy - 2y^2$

$2a^2 + 23ab + 63b^2$

$r^2 + rs - 2s^2$

10. **a)** $z^2 + 10z + zt + 3t + 21$

$ca^2 + da^2 - a^2 - ac - ad + a$

$-r^2 - ur + vr + rs^2 + us^2 - vs^2$

b) $a^2 - 4a + 2ab - b^2 + 4b$

$-rx + sx + tx - ry + sy + ty$

$au + bu - cu - av - bv + cv$

c) $14a^2 + 24ab - 8b^2$

$12x^2 - 29xy + 14y^2$

$6x^3 + 11x^2 - 12x - 5$

11. $(2x+3)(4-3x) = -6x^2 - x + 12$

$(2x+3)(x-y) = 2x^2 - 2xy + 3x - 3y$

$(2x+3)(2y-4) = 4xy - 8x + 6y - 12$

$(2x+3)(2y-3x) = 4xy - 6x^2 + 6y - 9x$

$(x+y)(4-3x) = 4x - 3x^2 + 4y - 3xy$

$(x+y)(x-y) = x^2 - y^2$

$(x+y)(2y-4) = 2xy - 4x + 2y^2 - 4y$

$(x+y)(2y-3x) = -xy - 3x^2 + 2y^2$

23

11. Fortsetzung

$(7-y)(4-3x)=28-21x-4y+3xy$

$(7-y)(x-y)=7x-7y-xy+y^2$

$(7-y)(2y-4)=18y-28-2y^2$

$(7-y)(2y-3x)=14y-21x-2y^2+3xy$

24

12. Die Terme sind alle drei wertgleich zum Term a · b + b · c – 2 · a · c. Dieser Term beschreibt den Flächeninhalt der abgebildeten Figur. Damit beschreiben also alle drei Terme den Flächeninhalt.

13. **a)** $6x^2+5xy$
b) $-2x^2+54y^2$
c) $8+11x^2$
d) $-a^2-11ab+7b^2$
e) $24xy-x^2-15y^2$
f) $4+x^3+2x^2y-xy^2-y^3$

14. Durch Ausklammern und Zusammenfassen erhält man:

(1) $(3x+2)(2x-4)+8(x+2)=6x^2+8$

(2) $3x(2x-4)-10=6x^2-12x-10$

(3) $(3x^2-2x-1)(2x+5)=6x^3+11x^2-12x-5$

(4) $6(x^2+1)+2=6x^2+8$

(5) $6x(x^2-2)-(11x^2+5)=6x^3-11x^2-12x-5$

(6) $2x^2+(2x+3)(2x-3)-12(x+1)+11=6x^2-12x-10$

(7) $2x(7x+17)-24=14x^2+34x-24$

(8) $(7x+4)(7x-2)+(-2{,}5+4)\cdot(-4)=49x^2+14x-14$

Wertgleich zueinander sind die Terme (1) und (4); (2) und (6); (3) und (5).

15. **a)** $L=\{1\}$
b) $L=\{-2\}$
c) $L=\mathbb{Q}$
d) $L=\{2\}$
e) $L=\{10\}$
f) $L=\{1\}$
g) $L=\frac{13}{7}$
h) $L=\{2\}$
i) $L=\{-2\}$
j) $L=\{1\}$
k) $L=\{117\}$
l) $L=\{3\}$
m) $L=\{0\}$

16. Richtig:

$$\begin{aligned} x^2-(x+1)(x-3)&=7 \\ x^2-(x^2-3x+x-3)&=7 \\ x^2-x^2+3x-x+3&=7 \\ 2x+3&=7 \\ 2x&=4 \\ L&=\{2\} \end{aligned}$$

1.5 Binomische Formeln

26 **1.** **a)** (1) $A = (12+3)^2 = 225$ $\quad A = 12^2 + 3 \cdot 12 + 3 \cdot 12 + 3^2 = 225$

(2) Die Fläche $(a+b)^2$ setzt sich aus den Flächen a^2, a · b, a · b und b^2 zusammen, also gilt: $(a+b)^2 = a^2 + 2ab + b^2$.

(3) Für rationale Zahlen p, q gilt:

$$\begin{aligned}(p+q)^2 = (p+q)(p+q) &= p \cdot (p+q) + q \cdot (p+q)\\ &= p^2 + pq + qp + q^2\\ &= p^2 + 2pq + q^2\end{aligned}$$

b) $(a-b)^2 = a^2 - 2ab + b^2$

2. -

3. **a)** $x^2 + 10x + 25$

$49 + 14x + x^2$

$u^2 + 2uv + v^2$

$p^2 + 2pq + q^2$

b) $x^2 - 12x + 36$

$81 - 18x + x^2$

$v^2 - 2vw + w^2$

$r^2 - 2rs + s^2$

c) $x^2 - 64$

$u^2 - 25$

$9 - r^2$

$x^2 - y^2$

d) $x^2 - 1{,}6x + 0{,}64$

$9x^2 - 12x + 4y^2$

$0{,}04x^2 - 0{,}4xy + y^2$

$\frac{1}{4}x^2 + \frac{2}{3}xy + \frac{4}{9}y^2$

4. Vgl. 1. Binomische Formel;
ein Gegenbeispiel zeigt: a = 1, b = 2: $(1+2)^2 = 9 \neq 1 + 4 = 5$

5. **a)** $(a-b)^2 = a^2 - 2ab + b^2$

b) $(a-b)^2 = a^2 - 2ab + b^2$

c) richtig

d) richtig

e) richtig

f) $(p+q)(p-q) = p^2 - q^2$

g) $(r+s)^2 = r^2 + 2rs + s^2$

h) $(r-s)^2 = r^2 - 2rs + s^2$

i) richtig

j) $(u+v)(v-u) = v^2 - u^2$

6. **a)** $4x^2 + 12x + 9$

$9x^2 + 12xy + 4y^2$

$0{,}25x^2 - 3x + 9$

b) $2{,}25 + 3x + x^2$

$x^2 - 1{,}6x + 0{,}64$

$a^2 - 10{,}24$

26

6. c) $0{,}04x^2 - 0{,}4xy + y^2$

$x^2 + 5xy + 6{,}25y^2$

$x^2 - 0{,}01y^2$

d) $\frac{16}{25} - \frac{8}{5}y + y^2$

$\frac{1}{4}x^2 + \frac{2}{3}xy + \frac{4}{9}y^2$

$\frac{1}{9}x^2 - y^2$

7. a) $16 - 8x + x^2$

$x^2 - 6x + 9$

$4 + 4x + x^2$

$1 + 2x + x^2$

b) $r^2 - 2rs + s^2$

$r^2 + 2rs + s^2$

$r^2 - 2rs + s^2$

$r^2 + 2rs + s^2$

c) $36x^2 - 12xy + y^2$

$16x^2 - 24xy + 9y^2$

$25x^2 + 70xy + 49y^2$

$9x^2 - 24xy + 16y^2$

d) $9a^2 - 12ab + 4b^2$

$a^2 - 16b^2$

$64u^2 - 49v^2$

$-36u^2 + 25v^2$

27

8. a) $9x^4 + 24x^2y + 16y^2$

$16a^6 - 24a^3b + 9b^2$

$p^4 - q^4$

b) $4x^2 - 12x^2y + 9x^2y^2$

$16c^4 + 16c^3d + 4c^2d^2$

$4r^2s^2 - 9s^4$

c) $\frac{1}{9}a^4b^2 - \frac{1}{6}a^3b^3 + \frac{1}{16}a^2b^4$

$\frac{u^4}{16} + \frac{3}{2}u^3v + 9u^2v^2$

$\frac{c^4d^2}{9} - \frac{c^2d^2}{4}$

9. a) $16a^2 - 81$ **c)** $36a^2 - 97a + 36$ **e)** $16a^2 + 72a + 81$

b) $16a^2 + 81$ **d)** $-16a^2 + 72a - 81$ **f)** $16a^2 - 72a + 81$

10. $(a - b)^2 = a^2 - 2ab + b^2$

11. a) 6 561; 6 241; 6 399 **c)** 1,0201; 0,9801; 0,9999

b) 10 404; 9 604; 9 996

12. -

13. a) $5a^2 + 11ab + 10b^2$

b) $50a^2 + 8ab + 15b^2$

c) $13{,}25a^2 + 10ab + 3{,}25b^2$

d) $13x^2 + 4xy$

e) $0{,}21x^2 + 0{,}46xy - 0{,}07y^2$

f) $\frac{145}{4}a^2 - 6ab + \frac{37}{9}b^2$

27

14. $(a+b)^2-(a-b)^2=4ab$

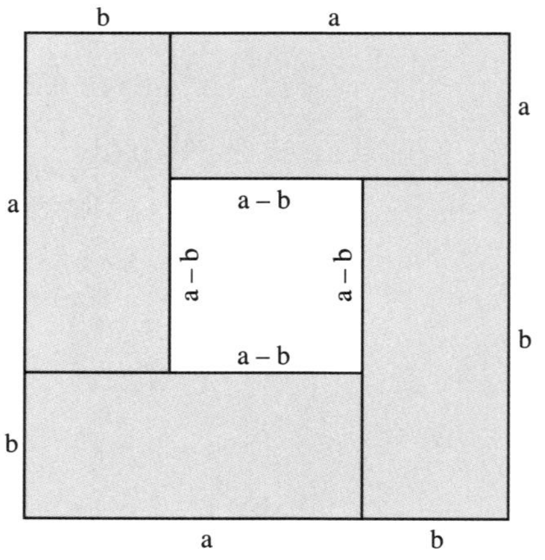

15. **a)** $L=\{-0{,}5\}$ **b)** $L=\{-7\}$ **c)** $L=\{1\}$ **d)** $L=\left\{-\frac{3}{4}\right\}$ **e)** $L=\left\{\frac{1}{2}\right\}$ **f)** $L=\{8\}$ **g)** $L=\{7\}$ **h)** $L=\{1\}$ **i)** $L=\left\{x\in\mathbb{Q}\mid x>\frac{1}{2}\right\}$ **j)** $L=\{t\in\mathbb{Q}\mid t\geq 1\}$

16. Z. B.: Wie groß war das ursprüngliche Grundstück?
$(x-2)^2=x^2-120$; $x=31$
Das Grundstück war 961 m² groß.

1.6 Faktorisieren einer Summe

28

2. **a)** (1) $x^2+2xy+y^2=(x+y)^2$
(2) $u^2+10u+25=(u+5)^2$
(3) $4a^2-12ab+9b^2=(2a-3b)^2$
(4) $m^2-2mn+n^2=(m-n)^2$
(5) $p^2+4p+4=(p+2)^2$
(6) $9u^2-24uv+16v^2=(3u-4v)^2$

b) Der gesuchte Flächeninhalt ist y^2.

3. **a)** $3x+ax+3y+ay=3(x+y)+a(x+y)=(3+a)(x+y)$
b) $28xy-4x+21y-3=4x(7y-1)+3(7y-1)=(4x+3)(7y-1)$
c) $4ac+4ad-3b(c+d)=(4a-3b)(c+d)$

4. **a)** $(c+d)^2$
b) $(e-2f)^2$
c) $(g+h)(g-h)$
d) $(2u-3v)^2$
e) $(3z-4)^2$
f) $\left(\frac{1}{2}x+\frac{1}{3}y\right)\left(\frac{1}{2}x-\frac{1}{3}y\right)$

29

5. **a)** $(u+v)(u-v)$ **b)** $(x+y)^2$ **c)** $(a+10)^2$ **d)** $(5-x)^2$

$(r+11s)(r-11s)$ $(r-s)^2$ $(x-10)^2$ $(6+b)^2$

$(1+4a)(1-4a)$ $(x+7)^2$ $(a-1)^2$ $(10-x)^2$

$(k+25)(k-25)$ $(u-v)^2$ $(x+7)^2$ $(k-25)(k+25)$

6. **a)** $x^2-a^2=(x+a)(x-a)$

b) richtig

c) $4u^2+16uv+16v^2=(2u+4v)^2$

d) $\left(\frac{1}{4}p^2-2pq+4q^2\right)^2=\left(\left(\frac{1}{2}p-2q\right)^2\right)^2$

7. **a)** $x^2+2xy+y^2=(x+y)^2$

$a^2+12a+36=(a+6)^2$

$1-2r+r^2=(1-r)^2$

$a^2+2ab+b^2=(a+b)^2$

b) $x^2-8x+16=(x+(-4))^2$

$324+36b+b^2=(18+b)^2$

$a^2+6ab+9b^2=(a+3b)^2$

$x^2+5xy+6{,}25y^2=(x+2{,}5y)^2$

c) $r^2-2{,}4rs+1{,}44s^2=(r-1{,}2s)^2$

$4x^2+12xy+9y^2=(2x+3y)^2$

$25a^2-70ab+49b^2=(5a-7b)^2$

$100r^2+180rs+81s^2=(10r+9s)^2$

8. -

9. **a)** $7\left(a^2+2ab+b^2\right)=7(a+b)^2$

$8\left(a^2-12{,}25b^2\right)=8(a+3{,}5)(a-3{,}5)$

$5\left(9x^2+6xy+y^2\right)=5(3x+y)^2$

b) $24\left(a^2-5ab+6{,}25b^2\right)=24(a-2{,}5b)^2$

$108\left(a^2+2\frac{1}{3}xy+1\frac{13}{16}y^2\right)=108\left(a+\frac{7}{6}b\right)^2$

$320\left(\frac{49}{16}u^2-v^2\right)=320\left(\frac{7}{4}u+v\right)\left(\frac{7}{4}u-v\right)$

c) $11\left(a^2+4ab+4b^2\right)=11(a+2b)^2$

$900\left(\frac{16}{9}x^2-\frac{8}{3}xy+y^2\right)=900\left(\frac{4}{3}x-y\right)^2$

$500\left(r^2-25s^2\right)=500(r+5s)(r-5s)$

29

10. **a)** $z^2 - 2zw + w^2 = (z - w)^2$

$x^2 - 8x + 16 = (x - 4)^2$

$16p^2 + 8pq + q^2 = (4p + q)^2$

b) $4c^2 + 12cd + 9d^2 = (2c + 3d)^2$

$25a^2 + 80ab + 64b^2 = (5a + 8b)^2$

$9w^2 - 20vw + \frac{100}{9}v^2 = \left(3w - \frac{10}{3}v\right)^2$

c) $z^2 + z + \frac{1}{4} = \left(z + \frac{1}{2}\right)^2$

$x^4 + 2x^2 + 1 = \left(x^2 + 1\right)^2$

$9u^2v^4 - u^2v^2 + \frac{1}{36}u^2 = \left(3uv^2 - \frac{1}{6}u\right)^2$

d) $\frac{4}{9}p^2 + \frac{2}{3}p + \frac{9}{16} = \left(\frac{2}{3}p + \frac{3}{4}\right)^2$

$\frac{9}{16}a^2 + b + \frac{4b^2}{9a^2} = \left(\frac{3}{4}a + \frac{2b}{3a}\right)^2$

$c^4d^2 - \frac{2}{3}c^2d + \frac{1}{9} = \left(c^2d - \frac{1}{3}\right)^2$

11. -

12. Zum Beispiel:

a) (p + q) (r + s)

b) (a – 2) (b + c)

c) (d + 2) (e + 3)

d) (u + 2) (2v – 1)

1.7 Vermischte Übungen

30

1. $-5x - 8$

2. **a)** -

b) (1) $x^2y + x^2y = 2x^2y$ (2) $x^2y + xy^2 = (x + y)xy$

3. **a)** $2x - 2y$

$7xy - 7x + 14x^2$

$5a - b$

b) $72a + 21b$

$330x - 118y$

$12s - 4st - 42t + 15t^2$

c) $13xy - 16y^2$

0

$37x^4 - 24x^2 + 37$

30

4. a) $-a\,(bc + 15)$

$v\left(-u^2 + v^2\right)$

$-7\,(a + 5b)$

b) $8x^2(1+3x)$

$3r\,(2r - 3s)$

$11\,(5r - s)$

c) $8r^2s^3\left(10rs - 8s^2 + 7r^2\right)$

$7ab\left(4a^2 + 1 - 7b^2\right)$

$13\left(3a + x^2\right)$

d) $\frac{a}{b}(3 - a - x)$

$\frac{4}{s}(5 + 2a - 10b)$

$7\,(4r - 9s + 12t)$

5. a) $(3x + 8y)\,(3x - 8y)$

$(6u + 11v)\,(6u - 11v)$

$\left(a^2 + b\right)\left(a^2 - b\right)$

nicht möglich

b) $a\left(b^2 - c^2\right) = a(b+c)(b-c)$

$x\left(x^2 - y^2\right) = x(x+y)(x-y)$

$u\left(u^4 - 1\right) = u\left(u^2 + 1\right)\left(u^2 - 1\right)$

nicht möglich

c) $5\left(x^2 + 2xy + y^2\right) = 5(x+y)^2$

$11\left(r^2 - 2rs + s^2\right) = 11(r-s)^2$

$65\left(u^2v^2 - 1\right) = 65(uv+1)(uv-1)$

$z(5 - z)$

6. a) $L = \{3\}$

$L = \left\{\frac{9}{5}\right\}$

$L = \{\ \}$

$L = \{2\}$

$L = \{-1\}$

b) $L = \{-4\}$

$L = \{-5\}$

$L = \{\ \}$

$L = \mathbb{Q}$

$L = \{3\}$

31

7. a) $4 \cdot a \cdot \left(1\text{ cm} + \frac{a}{2} + h + \frac{a}{2} + 1\text{ cm}\right) + 1\text{ cm} \cdot \left(1\text{ cm} + \frac{a}{2} + h + \frac{a}{2} + 1\text{ cm}\right)$

$= (4a + 1\text{ cm})\,(2\text{ cm} + a + h)$

b) (1) 899 cm²

(2) 604,5 cm²

8.

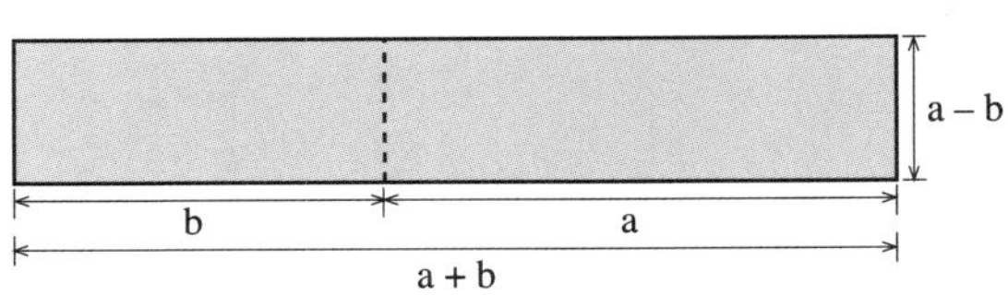

$b \cdot (a - b) + a \cdot (a - b) = (a + b)\,(a - b)$

31

9. $x^2 - x - 2(x-1) = x^2 - 79$ $\qquad x = 25\frac{2}{3}$ 27

Die ursprüngliche Größe war $658\frac{7}{9}$ m². 729

10. Das größere Quadrat hat eine Seitenlänge von 19 cm.

11. $(x+1)(x+2) = x^2 + 20$ $\qquad x = 6$

Es sind 7 Jungen und 8 Mädchen auf der Party.

12. **a)** und **b)** $A_Q = a^2$

$A_R = (a-x)(a+x) = a^2 - x^2$

$u_Q = 4a$

$u_R = 2(a-x) + 2(a+x) = 4a$

Im Blickpunkt: Pascal'sches Dreieck – Potenzieren von Summen

32

1. **a)** $(a+b)^2(a+b)$

$= \left(a^2 + 2ab + b^2\right)(a+b)$

$= a^3 + a^2b + 2a^2b + 2ab^2 + ab^2 + b^3$

$= a^3 + 3a^2b + 3ab^2 + b^3$

b) (1) $p^3 + 3p^2q + 3pq^2 + q^3$

(2) $a^3 + 6a^2 + 12a + 8$

(3) $u^3 + 6u^2v + 12uv^2 + 8v^3$

(4) $8m^3 + 36m^2n + 54mn^2 + 27n^3$

(5) $27x^6 + 135x^4z + 225x^2z^2 + 125z^3$

(6) $a^3 - 3a^2b + 3ab^2 - b^3$

(7) $u^3 - 9u^2 + 27u - 27$

(8) $8a^3 - 48a^2 + 96a - 64$

(9) $64p^3 - 144p^2q + 108pq^2 - 27q^3$

2. **a)** (1) In der jeweiligen Zeile, beginnend mit der 0. Zeile

(2) 1

(3) 1; 4; 6; 4; 1

32 **2. b)** Jede Zeile enthält eine Zahl mehr als die Zeile davor. An der ersten und letzten Stelle steht eine 1. Die anderen Zahlen ergeben sich als Summe der darüber stehenden beiden Zahlen.

1
1 1
1 2 1
1 3 3 1
1 4 6 4 1
1 5 10 10 5 1
1 6 15 20 15 6 1
1 7 21 35 35 21 7 1
1 8 28 56 70 56 28 8 1
1 9 36 84 126 126 84 36 9 1
1 10 45 120 210 252 210 120 45 10 1

c) Man erhält auch immer einen Summanden mehr. Der erste und letzte Vorfaktor ist jeweils eine 1. Die anderen Vorfaktoren sind die Summe der darüber stehenden beiden Vorfaktoren.

d) (1) $a^4 + 4a^3b + 6a^2b^2 + 4ab^3 + b^4$

(2) $a^5 + 5a^4b + 10a^3b^2 + 10a^2b^3 + 5ab^4 + b^5$

(3) $a^6 + 6a^5b + 15a^4b^2 + 20a^3b^3 + 15a^2b^4 + 6ab^5 + b^6$

33 **3. a)** $a^6 + 6a^5b + 15a^4b^2 + 20a^3b^3 + 15a^2b^4 + 6ab^5 + b^6$

$x^7 + 7x^6y + 21x^5y^2 + 35x^4y^3 + 35x^3y^4 + 21x^2y^5 + 7xy^6 + y^7$

$p^9 + 9p^8q + 36p^7q^2 + 84p^6q^3 + 126p^5q^4 + 126p^4q^5 + 84p^3q^6$
$+ 36p^2q^7 + 9pq^8 + q^9$

b) $a^5 - 5a^4b + 10a^3b^2 - 10a^2b^3 + 5ab^4 - b^5$

$x^6 - 6x^5y + 15x^4y^2 - 20x^3y^3 + 15x^2y^4 - 6xy^5 + y^6$

$p^9 - 9p^8q + 36p^7q^2 - 84p^6q^3 + 126p^5q^4 - 126p^4q^5 + 84p^3q^6$
$-36p^2q^7 + 9pq^8 - q^9$

c) $27a^3 + 27a^2 + 9a + 1$

$64x^3 + 96x^2 + 48x + 8$

$32c^5 + 240c^4d + 720c^3d^2 + 1080c^2d^3 + 810cd^4 + 243d^5$

d) $x^4 - 12x^3y + 54x^2y^2 - 108xy^3 + 81y^4$

$1024z^5 - 1280z^4w + 640z^3w^2 - 160z^2w^3 + 20zw^4 - w^5$

$64x^6 - 576x^5y + 2160x^4y^2 - 4320x^3y^3 + 4860x^2y^4 - 2916xy^5 + 729y^5$

e) $a^3 + 3a^2b^2 + 3ab^4 + b^6$

$a^8 - 4a^6b^2 + 6a^4b^4 - 4a^2b^6 + b^8$

$32p^5 - 240p^4q^2 + 720p^3q^4 - 1080p^2q^6 + 810pq^8 - 243q^{10}$

33

4. Die n-te Summe beträgt 2^n. Also ist in der elften Zeile die Koeffizientensumme 2 048.

5. Man erhält wieder die Zahlen des Pascal'schen Dreiecks.

6. Ab der 4. Zeile kommen bis zur n-ten Zeile gegenüber (n – 1)-ten Zeile immer (n – 2) Rauten hinzu. Bis zur n-ten Zeile erhält man also
$1 + 2 + 3 + ... + (n - 3) + (n - 2)$ Rauten.
In der 102. Zeile erhält man als Anzahl
$1 + 2 + 3 + ... + 99 + 100 = 50 \cdot 101 = 5050$, also 5050 Rauten.

7. a)

b) Die Summe aus zwei ungeraden Zahlen ist gerade.
Die Summe aus zwei geraden Zahlen ist gerade.
Die Summe aus einer ungeraden Zahl und einer geraden Zahl ist ungerade.
Unterhalb zweier gefärbter Felder ist also ein ungefärbtes Feld.
Unterhalb zweier ungefärbter Felder ist also ein ungefärbtes Feld.
Unterhalb eines ungefärbten und eines gefärbten Feldes liegt ein gefärbtes Feld.

c) Alle Steine gefärbt: z. B.: 1. Zeile, 2. Zeile, 4. Zeile; 8. Zeile; 16. Zeile; ..., also alle 2^n-ten Zeilen.
Alle Steine nicht gefärbt: ist nicht möglich, weil alle Zeilen mit einer 1 beginnen und enden. Dann wären auch alle folgenden Zeilen ungefärbt (s. Teilaufgabe b).

d) Von links nach rechts zwei gefärbte, zwei ungefärbte, zwei gefärbte Felder.

1.8 Mischungsaufgaben

34 **1.** x: Volumen des 50%igen Nektars (in ℓ)

	Volumen (in ℓ)	Anteil des reinen Saftes als Bruch	Volumen des reinen Saftes (in ℓ)
90%iger Nektar	5 000	$\frac{90}{100}$	4 500
50%iger Nektar	x	$\frac{50}{100}$	$x \cdot 0{,}5$
zusammen	5 000 + x	$\frac{75}{100}$	$(5000 + x) \cdot 0{,}75$ $= 4500 + 0{,}5x$

Da 75 % näher an 90 % als an 50 % liegt, wird man weniger als 5 000 ℓ hinzugießen müssen. 50 % und 90 % werden durch 75 % im Verhältnis 5 : 3 geteilt. Man wird also 5 Anteile 90%igen Nektar und 3 Anteile 50%igen Nektar benötigen, also 3 000 ℓ vom 50%igen Nektar.
Die genaue Rechnung ergibt:
Gleichung: $(5\,000 + x) \cdot 0{,}75 = 4\,500 + 0{,}5x$ *Lösung:* $x = 3\,000$

35 **2.** Da vom 20%igen Alkohol mehr genommen wird, hat die Mischung weniger als 25 % Alkohol. Da das Verhältnis 40 : 60 = 2 : 3 beträgt, wird die Mischung $\frac{2}{5}$ von 10 % = 4 % mehr als 20 %, also 24 % betragen.
Die genaue Rechnung ergibt:
x: Anteil des Alkohols in der Mischung
Gleichung: $40 \cdot 0{,}3 + 60 \cdot 0{,}2 = 100 \cdot x$ *Lösung:* $x = 0{,}24$
Antwort: Die Mischung hat 24 % Alkohol.

3. x: Anteil des Fruchtsafts in der zweiten Sorte
Gleichung: $500 \cdot 0{,}7 + 800 \cdot x = 1\,300 \cdot 0{,}6$ *Lösung:* $x = 0{,}5375$
Antwort: Die zweite Sorte enthält 53,75 % Fruchtsaft.

4. x: Preis für 1 ℓ Motorenöl (in €)
Gleichung: $75 \cdot 1{,}20 + 3 \cdot x = 78 \cdot 1{,}55$ *Lösung:* $x = 10{,}30$
Antwort: 1 Liter Motoröl kostet 10,30 €.

5. x: Preis für 1 kg der anderen Sorte (in €)
Gleichung: $20 \cdot 10{,}50 + 6 \cdot x = 26 \cdot 12{,}00$ *Lösung:* $x = 17{,}00$
Antwort: 1 kg der anderen Sorte kostet 17,00 €.

6. a) x: Gewicht der 15%igen Salpetersäure (in g)
Gleichung: $400 \cdot 0{,}6 + x \cdot 0{,}15 = (400 + x) \cdot 0{,}5$
Lösung: $x = 114\frac{2}{7} \approx 114{,}3$
Antwort: Man benötigt ungefähr 114,3 g der 15%igen Salpetersäure.

b) x: Konzentration der Salpetersäure
Gleichung: $400 \cdot 0{,}6 + 200 \cdot x = 600 \cdot 0{,}5$
Lösung: $x = 0{,}3$
Antwort: Die Salpetersäure muss 30%ig sein.

35 **7.** x: Anzahl der Goldmünzen (zu 7,964 g)
Gleichung: $x \cdot 7{,}964 \cdot 0{,}9 = (x \cdot 7{,}964 + 500) \cdot 0{,}7$
Lösung: $x = 219\frac{1471}{1991} \approx 219{,}7$
Antwort: Man benötigt 220 Goldmünzen.

Auf den Punkt gebracht: Öffne den Blick – löse Probleme

36 **1.** Wenn Herr Schmitz Herrn Krause hinterher fährt, benötigt er 37,5 Minuten, wenn er ihm entgegenfährt nur knapp 32 Minuten (genauer 31,875 min).

37 **2. a)** Z. B. Umfang eines Dreiecks; Dreiecksungleichung, …

b) Wir beschreiben das Finden des Dreiecks ABC mithilfe eines dynamischen Geometrieprogramms.

(1) Wir konstruieren ein Dreieck $AB'C'$ mit den Seitenlängen $|AB'| = c + a = 21$ cm, $|B'C'| = a + b = 18$ cm, $|AC'| = c + b = 24$ cm. Wir wählen auf der Seite $\overline{AB'}$ einen Punkt B.

(2) Wir zeichnen um A einen Kreis mit dem Radius $|AB|$; den Schnittpunkt mit der Seite $\overline{AC'}$ nennen wir D. Es gilt: $|AB| = |AD|$.

(3) Wir zeichnen um B' einen Kreis mit dem Radius $|B'B|$; den Schnittpunkt mit der Seite $B'C'$ nennen wir E. Es gilt: $|B'B| = |B'E|$.

(4) Wir zeichnen um C' einen Kreis mit dem Radius $|C'D|$; den Schnittpunkt mit der Seite $|C'B'|$ nennen wir F.
Es gilt: $|C'D| = |C'F|$.

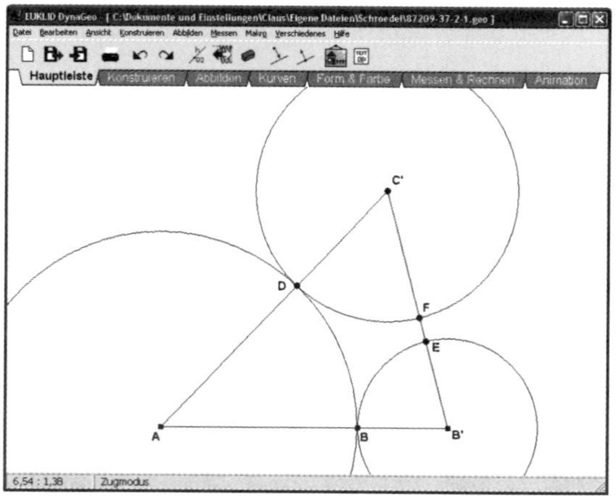

Wir möchten nun erreichen, dass $|AB| = c$ und $|BB'| = a$ ist. Dann wäre auch $|AD| = c$ und $|DC'| = b$. Ebenso wäre $|B'E| = a$ und $|C'F| = b$. Da $a + b = |B'C'|$ gilt, muss dann E = F sein.

37 **2. b)** (5) Wir ziehen am Punkt B und lassen ihn auf der Seite $\overline{AB'}$ wandern, bis die Punkte E und F zusammenfallen.

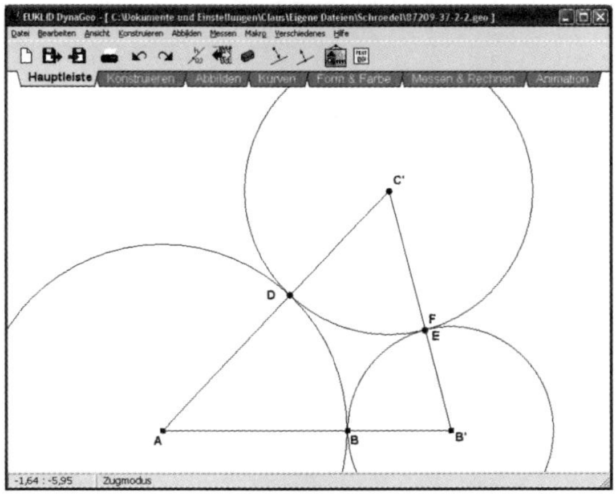

Wir wissen also nun: $a = |B'B|$, $b = |C'D|$ und $c = |AB|$.

Wir suchen nun ein Dreieck ABC mit den Seitenlängen a, b und c.

(6) Wir nehmen die Strecke $\overline{AB}$ als Seite c des Dreiecks und zeichnen um B einen Kreis mit dem Radius $|BB'| = a$. Der dritte Eckpunkt C liegt auf diesem Kreis.

(7) Wir zeichnen um A einen Kreis mit dem Radius $|C'D| = b$. Der dritte Eckpunkt C liegt auch auf diesem Kreis, ist also der Schnittpunkt dieses Kreises mit dem Kreis aus (6).

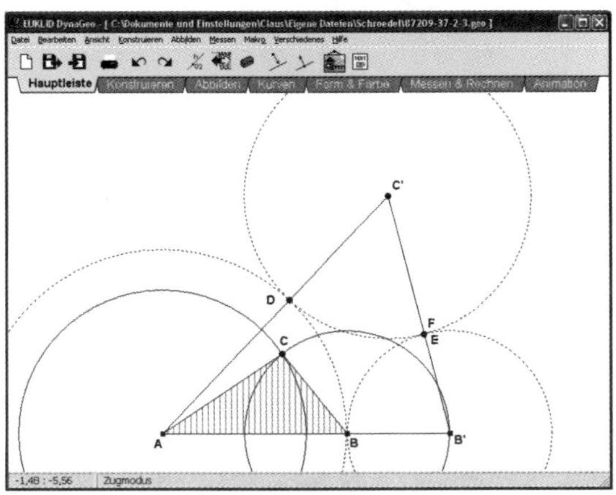

ABC ist das gesuchte Dreieck mit den Seitenlängen a, b und c. Durch Messen erhalten wir: $a \approx 7{,}5$ cm; $b \approx 10{,}5$ cm; $c \approx 13{,}5$ cm

37

2. c)

a (in cm)	b (in cm)	c (in cm)	a + b (in cm)	a + c (in cm)	b + c (in cm)	
1	17	20	18	21	37	falsch
2	16	19	18	21	35	falsch
3	15	18	18	21	33	falsch
4	14	17	18	21	31	falsch
5	13	16	18	21	29	falsch
6	12	15	18	21	27	falsch
7	11	14	18	21	25	falsch
8	10	13	18	21	23	falsch
7,5	10,5	13,5	18	21	24	richtig

d) u = 31,5 cm
Durch Umformen der gegebenen Längen zweier Seiten erhält man:
b = 18 – a und c = 21 – a.
Daraus folgt:
a + b + c = a + 18 – a + 21 – a = –a + 39 = 31,5; also
a = 7,5 cm, b = 10,5 cm, c = 13,5 cm.

3. $1 \xleftarrow{2+1} 4 \xleftarrow{5+1} 10 \xleftarrow{11+1} 22 \xleftarrow{23+1} 46 \xleftarrow{47+1} 94 \xleftarrow{95+1} 190 \xleftarrow{191+1} 382$
Am Anfang hatte er 382 Äpfel.

4. a) Es sind noch 18 Lakritzbonbons übrig, davon erhält Fabian 12 und Babette 6.

b) Das andere Windrad benötigt 6 Sekunden für eine volle Umdrehung.
Das schnelle Rotorblatt legt in 1 Sekunde $\frac{1}{3}$ Umdrehungen, das langsame $\frac{1}{6}$ Umdrehungen zurück.
Man kann die Aufgabe z. B. mit einer Tabelle lösen.
Wir betrachten dabei zum Zeitpunkt 0 das nach oben stehende Rotorblatt des schnelleren Windrads und das um $\frac{1}{3}$ Umdrehung nach rechts stehende Rotorblatt des langsameren Windrads.
(1) Beide Rotorblätter sind gegenläufig

Zeit (in s)	Umdrehung des 1. Rotorblatts	Umdrehung des 2. Rotorblatts	Ergebnis
0	0	$\frac{1}{3}$	$0 < \frac{1}{3}$
1	$\frac{1}{3}$	$\frac{1}{6}$	$\frac{1}{3} > \frac{1}{6}$
$\frac{1}{2}$	$\frac{1}{6}$	$\frac{1}{4}$	$\frac{1}{6} < \frac{1}{4}$
$\frac{3}{4}$	$\frac{1}{4}$	$\frac{5}{24}$	$\frac{1}{4} > \frac{5}{24}$
$\frac{2}{3}$	$\frac{2}{9}$	$\frac{2}{9}$	richtig

Nach $\frac{2}{3}$ Sekunden sind die beiden Rotorblätter übereinander, also sind auch alle drei Rotorblätter übereinander.

37 **4. b)** (2) Beide Rotorblätter laufen in dieselbe Richtung

Zeit (in s)	Umdrehung des 1. Rotorblatts	Umdrehung des 2. Rotorblatts	Ergebnis
0	0	$\frac{1}{3}$	$0 < \frac{1}{3}$
1	$\frac{1}{3}$	$\frac{3}{6} = \frac{1}{2}$	$\frac{1}{3} < \frac{1}{2}$
2	$\frac{2}{3}$	$\frac{4}{6} = \frac{2}{3}$	richtig

Nach 2 Sekunden sind die Rotorblätter wieder übereinander.

c) Für n > 1 erhält man:
Anzahl der Würfel mit drei blauen Seiten: 8
Anzahl der Würfel mit zwei blauen Seiten: 8 (n – 2) = 12n – 24
Anzahl der Würfel mit einer blauen Seite: $6(n-2)^2 = 6n^2 - 24n + 24$
Anzahl der Würfel mit keiner blauen Seite: $(n-3)^3 = n^3 - 6n^2 + 12n - 8$
Man erhält folgende Werte für n = 2 bis 10:

	Anzahl der Würfel mit … blauen Steine				Gesamtanzahl
n	3	2	1	0	
2	8	0	0	0	8
3	8	12	6	1	27
4	8	24	24	8	64
5	8	36	54	27	125
6	8	48	96	64	216
7	8	60	150	125	343
8	8	72	216	216	512
9	8	84	294	343	729
10	8	96	384	512	1 000

1.9 Formeln – Gleichungen mit Parametern

1.9.1 Umformen von Formeln

38 **2.** Z. B. Trapez in 3 Teile A_1, A_2, A_3 zerlegen (Bezeichnungen der Seiten wie im Lehrbuch):

a) $A_1 + A_3 = \frac{(a-c) \cdot h}{2}$

$A_2 = c \cdot h$

Daraus folgt: $A = \frac{(a+c) \cdot h}{2}$

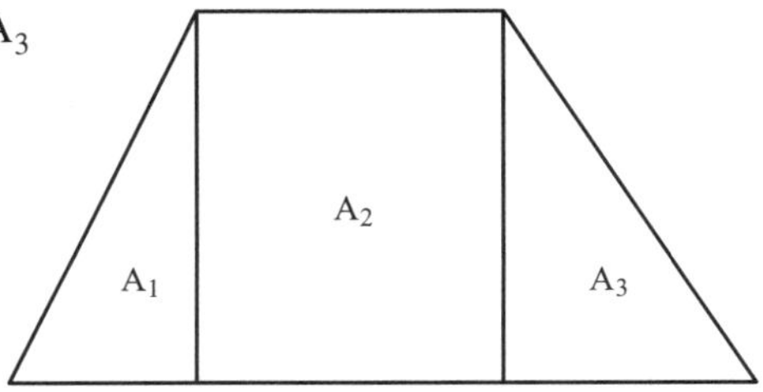

38

2. b) (1) $\frac{(a+c)\cdot h}{2} = A \quad | \cdot 2$

$(a+c)\cdot h = 2A \quad | : (a+c)$

$\frac{(a+c)\cdot h}{a+c} = \frac{2A}{a+c}$

$h = \frac{2A}{a+c}$

(2) $\frac{(a+c)\cdot h}{2} = A \quad | \cdot 2$

$(a+c)\cdot h = 2A \quad | : h$

$a + c = \frac{2A}{h} \quad | - c$

$a = \frac{2A}{h} - c$

39

3. (1) a = (17,4 – 2 · 4,6) : 2 = 4,1 a = (u – 2b) : 2
Die Rechteckseite ist 4,1 cm lang.
(2) a = (20,3 – 2 · 5,2) : 2 = 4,95
Die Rechteckseite ist 4,95 cm lang.
(3) a = (37,8 – 2 · 9,5) : 2 = 9,4
Die Rechteckseite ist 9,4 cm lang.

4. $a = \frac{O-2bc}{2b+2c}$ $\left[b = \frac{O-2ac}{2a+2c};\ c = \frac{O-2ab}{2a+2b}\right]$

a) c = 4,1 **b)** b = 2,9 **c)** c = 6,0

5. L = 4B + 4H + 4T = 4(B + H + T). Dabei ist L die Gesamtlänge.

$B = \frac{L-4H-4T}{4}$

$\left[T = \frac{L-4B-4H}{4};\ H = \frac{L-4B-4T}{4}\right]$

6. $a = \frac{V}{bc}$ $\left[b = \frac{V}{ac};\ c = \frac{V}{ab}\right]$

(1) a = 37,5 m (2) b ≈ 45,7 cm

7. a) b) c) 0,075 · x = (ungerundete) Anzahl Bonuspunkte

Einkauf (in €)	Bonuspunkte	Bonuspunkte (gerundet)
19,95	1,49625	1
37,35	2,80125	2
259	19,425	19
79,53	5,96475	5
32,56	2,442	2
49,87	3,74025	3
197,45	14,80875	14
299	22,425	22
275,89	20,69175	20

d) Sie muss noch für 173,34 € einkaufen.

e) $x = \frac{\text{Anzahl Bonuspunkte}}{0{,}075}$

8. a) 298,00 € : 1,19 = 250,42 €

b) $P_o = P_m : 1{,}19$;
P_o: Preis ohne Mehrwertsteuer; P_m: Preis mit Mehrwertsteuer

39 **8. c)**

P_m (in €)	P_o (in €)
239,00	200,84
199,95	168,03
159,00	133,61
395,00	331,93
99,99	84,03

1.9.2 Lösen von Gleichungen mit Parametern

40 **2. a)** (1) $L = \{1\}$ (3) $L = \{9\}$ (5) $L = \{25\}$
(2) $L = \{4\}$ (4) $L = \{16\}$ (6) $L = \{36\}$

b) $(x+t)^2 - x(x+2t) = x$ $L = \{t^2\}$

3. a) $L = \left\{\frac{a}{2}\right\}$ **b)** $L = \{10a\}$ **c)** $L = \{-4a\}$ **d)** $L = \left\{-\frac{4}{3}a\right\}$

$L = \{4a\}$ $L = \{-c\}$ $L = \{a\}$ $L = \left\{\frac{4-4a}{7}\right\}$

1.10 Gleichungen vom Typ $T_1 \cdot T_2 = 0$

41 **1. a)** $L = \{4; 9\}$
$L = \{5; -3\}$
$L = \{-7; -6\}$
$L = \{8; 3\}$

b) $L = \{1{,}5; 2\}$
$L = \{-4; 3{,}7\}$
$L = \{-1{,}1; -6{,}6\}$
$L = \{4{,}5; -0{,}2\}$

c) $L = \{0; 10\}$
$L = \{0; -25\}$
$L = \{0; 3{,}5\}$
$L = \{0; 0{,}1\}$

2. a) $L = \{2; -4\}$
$L = \{11; 4\}$
$L = \{0; 5\}$
$L = \{11; 8\}$
$L = \{0{,}5; -3\}$

b) $L = \{-3; 7\}$
$L = \{3; 5\}$
$L = \{-1; -3\}$
$L = \{3\}$
$L = \{-7; 7\}$

c) $L = \left\{0; \frac{5}{2}\right\}$
$L = \left\{0; -\frac{12}{5}\right\}$
$L = \left\{0; \frac{3}{2}\right\}$
$L = \left\{0; -\frac{8}{5}\right\}$
$L = \{0; 5\}$

3. *Beispiele:*
a) $(x-4)(x-8) = 0$
b) $(x+7)(x-3) = 0$
c) $(x+2)(x+5) = 0$
d) $(x-6)\,x = 0$
e) $\left(x-\frac{3}{4}\right)\left(x+\frac{1}{2}\right) = 0$

42 **4.** Tina: richtig
Tobias: richtig
Tom: $L = \{3\}$
Urs: $L = \{3\}$ (s. Tobias)

42 **5.** **a)** $L = \{0; 7\}$, $L = \{0; -5\}$, $L = \{0; 4\}$, $L = \{0; -11\}$

c) $L = \{0; 2\}$, $L = \{0; -13\}$, $L = \{0; 6\}$, $L = \{0; -5\}$

e) $L = \left\{0; \frac{4}{5}\right\}$, $L = \left\{0; -\frac{3}{10}\right\}$, $L = \left\{0; -\frac{4}{9}\right\}$, $L = \{0; 10\}$

g) $L = \left\{0; -\frac{5}{3}\right\}$, $L = \left\{0; \frac{1}{7}\right\}$, $L = \left\{0; \frac{4}{11}\right\}$, $L = \left\{0; -\frac{3}{2}\right\}$

b) $L = \{-3; 3\}$, $L = \{-8; 8\}$, $L = \{-5; 5\}$, $L = \{-7; 7\}$

d) $L = \{-2; 2\}$, $L = \{-1; 1\}$, $L = \{-2; 2\}$, $L = \{-3; 3\}$

f) $L = \{-0{,}2; 0{,}2\}$, $L = \{-1{,}4; 1{,}4\}$, $L = \left\{-\frac{3}{4}; \frac{3}{4}\right\}$, $L = \left\{-\frac{5}{8}; \frac{5}{8}\right\}$

h) $L = \{-4; 4\}$, $L = \{-5; 5\}$, $L = \{-0{,}3; 0{,}3\}$, $L = \{-3; 3\}$

6. **a)** $L = \{a; 7\}$ **b)** $L = \{-s; p\}$ **c)** $L = \{-r; -s\}$ **d)** $L = \{0; a\}$ **e)** $L = \left\{\frac{r}{2}; 5\right\}$ **f)** $L = \left\{\frac{c}{3}; -\frac{c}{4}\right\}$

7. **a)** $L = \{2\}$, $L = \{-5\}$, $L = \left\{\frac{3}{2}\right\}$

c) $L = \{-12\}$, $L = \{0{,}1\}$, $L = \left\{-\frac{1}{6}\right\}$

e) $L = \left\{0; -\frac{7}{6}\right\}$, $L = \left\{0; -\frac{236}{35}\right\}$, $L = \left\{0; -\frac{7}{12}\right\}$

b) $L = \{-2{,}5\}$, $L = \{-0{,}5\}$, $L = \{-0{,}1\}$

d) $L = \{0; 7\}$, $L = \{0; -2\}$, $L = \{0\}$

f) $L = \left\{0; \frac{7}{10}\right\}$, $L = \left\{0; \frac{1}{16}\right\}$, $L = \left\{0; -\frac{5}{6}\right\}$

8. **a)** $(3x - 21)(5x - 25) = 0$
b) $(2x + (-16))(4x - 12) = 0$
c) $(7x - 0)(3x + 9) = 0$
d) $(-7x + 7)\,8x = 0$
e) $(10x - 1)(x + 6) = 0$
f) $(2x + 8)(x + 4) = 0$

9. **a)** $L = \left\{\frac{1}{2}\right\}$ **b)** $L = \left\{\frac{1}{4}\right\}$ **c)** $L = \left\{-\frac{4}{3}\right\}$ **d)** $L = \{6\}$

1.11 Aufgaben zur Vertiefung

43 **1.** **a)** Man erhält alle geraden Zahlen.
b) $2n - 1$ $[2n + 1]$
c) $(n+1)^2 - n^2 = 2n + 1$ Dies sind alle ungeraden Zahlen ab 3.

2. **a)** (1) Die Anzahl der Punkte sind ein Vielfaches von 4.
(2) Bei n Punkten pro Seite sind es insgesamt $(n - 1) \cdot 4$ Punkte.
b) Es sind 3n Punkte.

43

3. a) Das Produkt aus einer natürlichen Zahl n und der übernächsten natürlichen Zahl (n + 2) ist $n^2 + 2n$.

b) Summe der Quadrate: $n^2 + (n+1)^2 = n^2 + n^2 + 2n + 1 = 2n^2 + 2n + 1$

Doppeltes Produkt: $2 \cdot (n \cdot (n+1)) = 2 \cdot (n^2 + n) = 2n^2 + 2n$

4. a) $(a+b+c)^2 = (a+b+c)(a+b+c)$

$= a^2 + ab + ac + ab + b^2 + bc + ac + bc + c^2$

$= a^2 + b^2 + c^2 + 2ab + 2ac + 2bc$

b) Für rationale Zahlen r, s und t gilt:

$(r+s+t)^2 = (r+s+t)(r+s+t)$

$= r \cdot (r+s+t) + s \cdot (r+s+t) + t \cdot (r+s+t)$

$= r^2 + rs + rt + rs + s^2 + st + rt + st + t^2$

$= r^2 + s^2 + t^2 + 2rs + 2rt + 2st$

c) (1) $a^2 + b^2 + c^2 - 2ab + 2ac - 2bc$

(2) $a^2 + b^2 + c^2 + 2ab - 2ac - 2bc$

(3) $16a^2 + 4b^2 + 9c^2 + 16ab + 24ac + 12bc$

(4) $49a^2 + 4b^2 + 64c^2 - 28ab - 112ac + 32bc$

(5) $p^4 - 6p^3 + 11p^2 - 6p + 1$

(6) $4a^4 + b^4 + 9c^2 + 4a^2b^2 + 12a^2c + 6b^2c$

d) -

5. a) blau: $\frac{2a^2}{2} - \frac{a^2}{2} - \frac{a^2}{4} = \frac{a^2}{4}$ $\left[\text{silber}: \ 2a^2 - \frac{a^2}{4} = \frac{7}{4}a^2\right]$

b) blau: A = 1 cm² $\left[A = \frac{25}{4}\text{ cm}^2 = 6{,}26\text{ cm}^2;\ A = 225\text{ cm}^2\right]$

silber: A = 7 cm² $\left[A = \frac{175}{4}\text{ cm}^2 = 43{,}75\text{ cm}^2;\ A = 1575\text{ cm}^2\right]$

Bleib fit im Umgang mit linearen Funktionen

45

1. a) Wertetabelle

b) $y = \frac{3}{4}x - 2$

c) $x \rightarrow x : 3$

d) Jeder Zahl wird ihre Gegenzahl zugeordnet.

e) $f(x) = -\frac{3}{2}x - 2$

45

2. a) $y = 2x + 1$

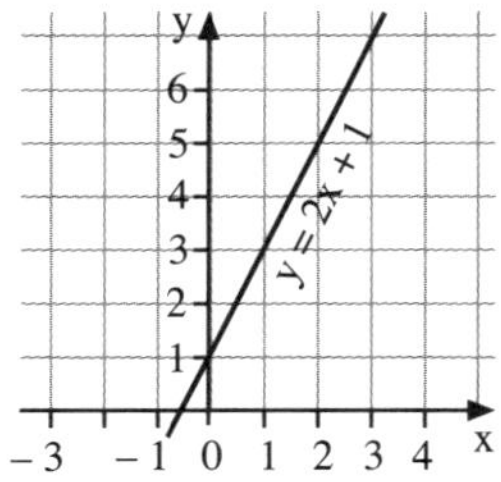

b) $y = 1{,}5x - 2$

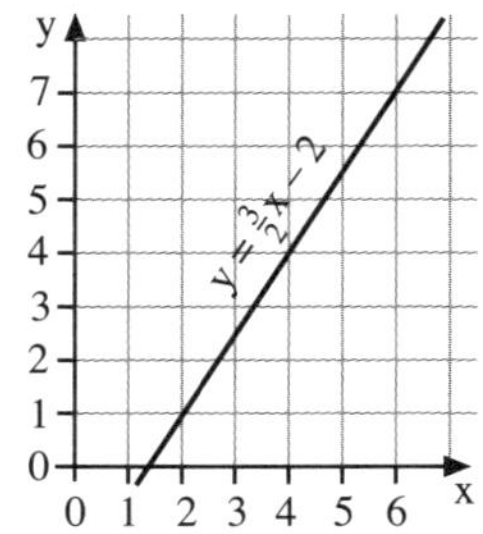

c) $y = \frac{3}{4}x + 5$

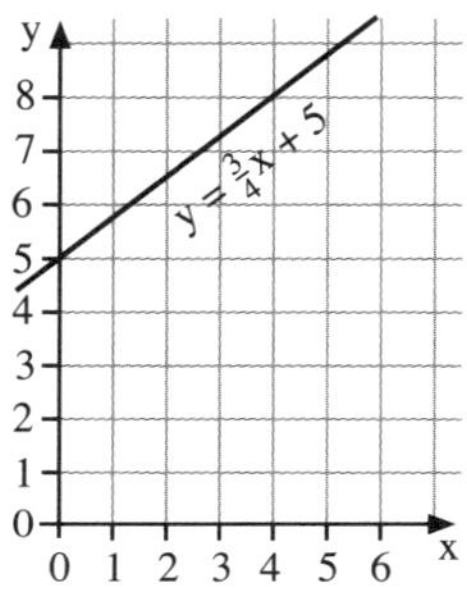

d) $f(x) = 3x + 2$

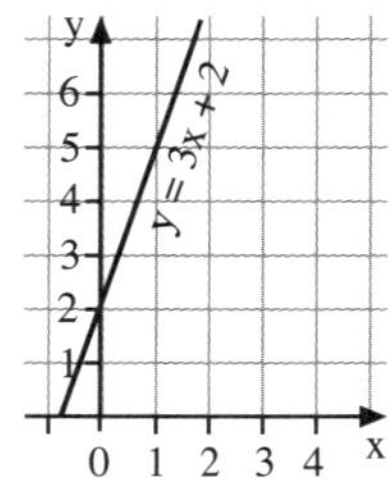

e) $f(x) = -0{,}4x$

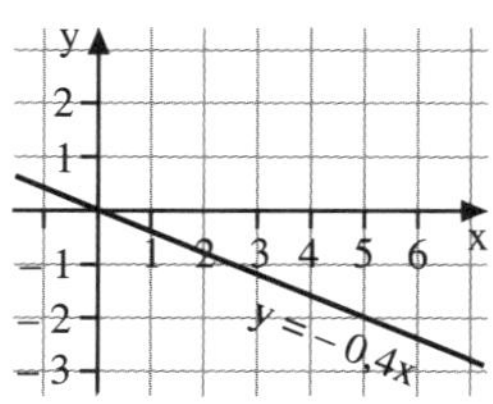

f) $y = -x + 2$

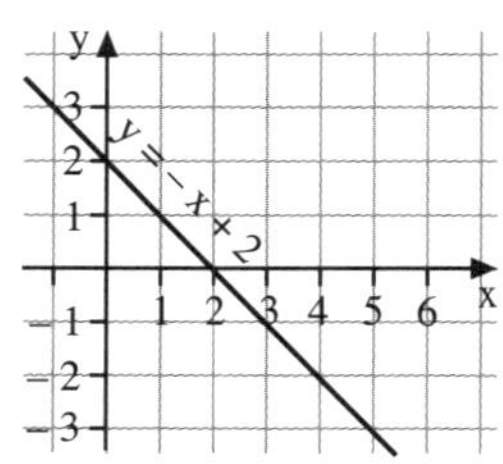

g) $f(x) = x + 1$

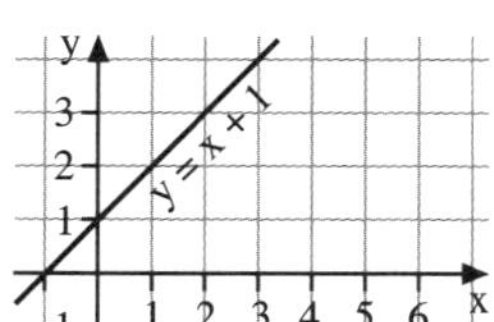

h) $f(x) = \frac{2}{7}x - 3$

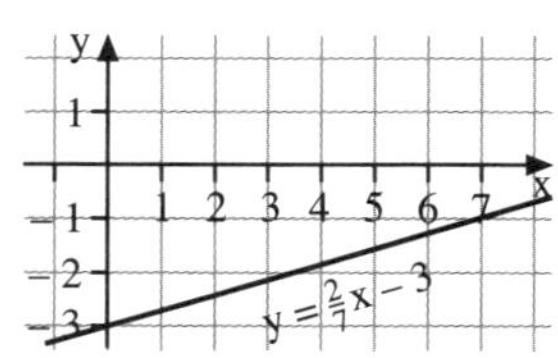

i) $y = 0{,}4x - 2$

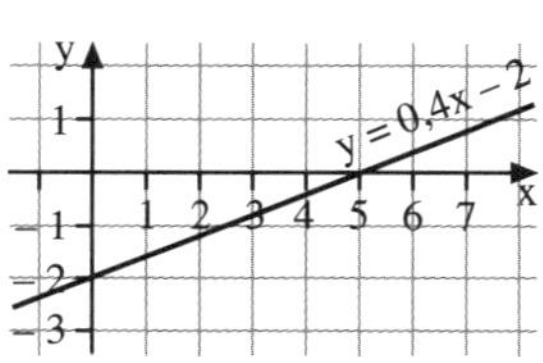

j) $y = -\frac{5}{3}x + 0{,}5$

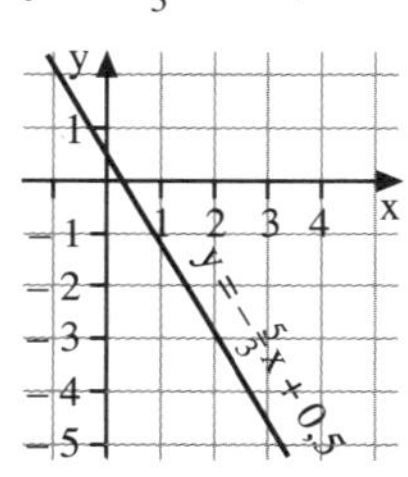

45

2. k) $g(x) = x$

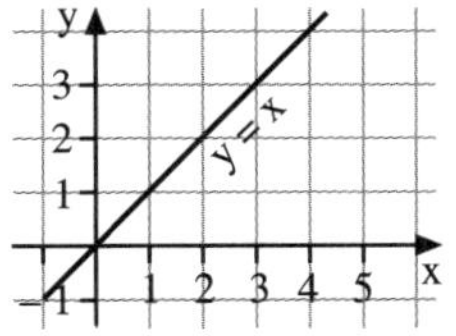

l) $h(s) = -s$

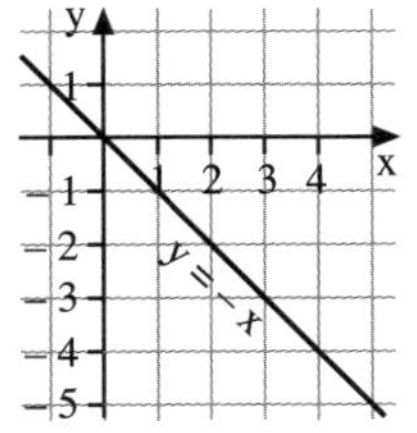

46

3. a) (1) $x - y = 2$

(2) $\frac{1}{4}x + y = 1$

b) (1) $\frac{1}{2}x - y = 3$

(2) $x + y = 2$

c) (1) $\frac{1}{2}x - y = \frac{1}{2}$

(2) $x + y = 1$

4. a) $f(x) = -3x + 20$

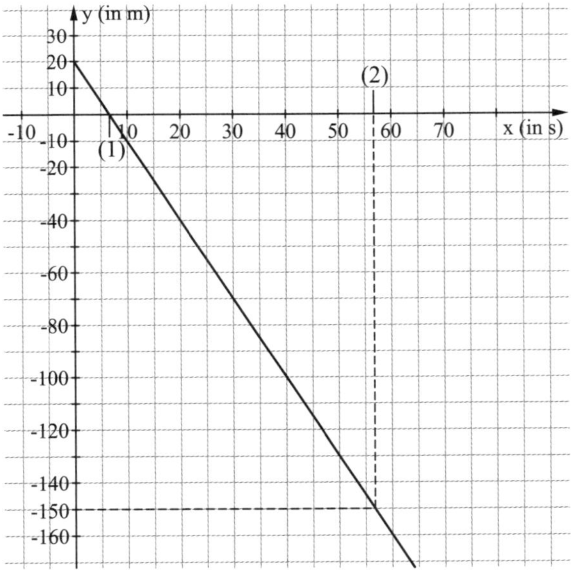

b) (1) $f(x) = -3x + 20$

$0 = -3x + 20$

$x = \frac{20}{3} = 6{,}7$

Der Korb ist nach 6,7 s auf dem Boden.

(2) $f(x) = -3x + 20$

$-150 = -3x + 20$

$x = \frac{170}{3} = 56{,}7$

Der Korb ist nach 56,7 s ganz unten.

5. a) Nullstelle $x = 1{,}75$

b) Die y-Werte sind bei (1) um eine Einheit größer geworden und bei (2) um 3 Einheiten kleiner.

46

6. **a)** Ja, die drei Punkte liegen auf einer Geraden: $y = -\frac{4}{7}x + 4$.

b) Nein, denn auf $y = \frac{5}{8}x + 0$ liegt der Punkt (–3 | –1,875).

7. **a)** Ja, die drei Punkte liegen auf der Geraden: $y = \frac{1}{2}x + 5$.

b) Nein, denn auf $y = \frac{2}{5}x + \frac{13}{5}$ liegt der Punkt (8 | 5,8).

8. **a)** $m = -1$; $y = -x + 5$

b) $m = +\frac{1}{5}$; $y = \frac{1}{5}x - 2$

c) $m = -\frac{3}{2}$; $y = -\frac{3}{2}x - \frac{1}{2}$

d) $m = 0$; $y = +1{,}5$

9. $x = -\frac{27}{2}$

10.

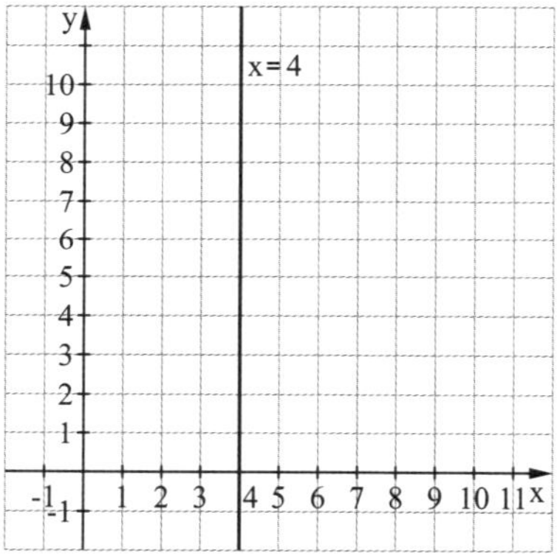

11. b gibt an, an welcher Stelle der Graph die y-Achse schneidet. m ist die Steigung des Graphen. Daraus ergibt sich ein Graph durch die beiden Punkte (0 | b) und (1 | b + m).

12. $y = 1{,}3x + 2$

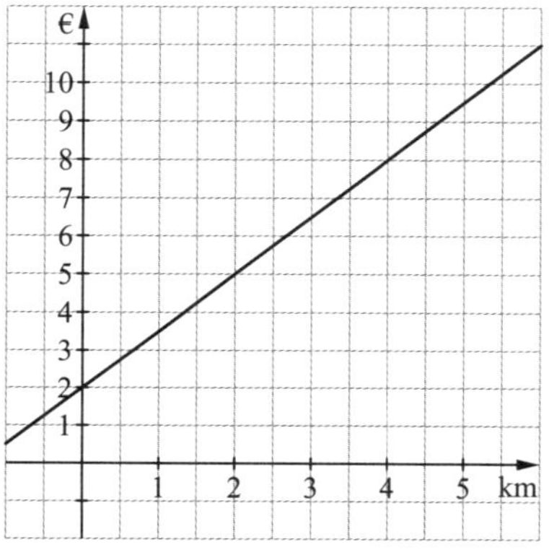

Die errechneten Preise stimmen nicht mit den tatsächlichen Preisen überein, da die Taxameter auch im Stau oder beim Halten an einer roten Ampel weiter laufen.

2. Lineare Gleichungen mit zwei Variablen – Systeme linearer Gleichungen

Lernfeld: Geraden mit System

48 **1. Auftrag: Vielfältige Lösungen**

Hier sollen erste (systematische) Erfahrungen mit Lösungen in Form von Zahlenpaaren gemacht werden (eine Gleichung mit zwei Variablen). Auch eine sinnvolle Veranschaulichung soll gefunden werden, wenn viele Lösungspaare dargestellt werden müssen. Zur Kontrastierung wird auch ein Problem mit nur einer Variablen und einer eindeutigen Lösung integriert.

1. Punkt: Da der Geldbetrag 36 Cent gerade ist und die Vielfachen von 2 Cent auch gerade sind, müssen die Vielfachen von 5 Cent auch gerade sein. Die Anzahl der 5-Cent-Münzen ist also gerade. Man erhält folgende Möglichkeiten:
$18 \cdot 2$ Cent $+ 0 \cdot 5$ Cent $= 36$ Cent
$13 \cdot 2$ Cent $+ 2 \cdot 5$ Cent $= 36$ Cent
$8 \cdot 2$ Cent $+ 4 \cdot 5$ Cent $= 36$ Cent
$3 \cdot 2$ Cent $+ 6 \cdot 5$ Cent $= 36$ Cent

2. Punkt: Keine Lösungen

3. Punkt: Beispiele:
$a = 10$; $b = 30$
$a = 5$; $b = 50$
$a = 15$; $b = 10$
$a = 1$; $b = 66$
$a = 0{,}1$; $b = 69{,}6$
Die Lösungen sind die Punkte auf der Strecke $\overline{PQ}$ mit $P(0 \mid 70)$ und $Q(17{,}5 \mid 0)$.
Da a und b beide positiv sind, gehören die Endpunkte P und Q nicht zu den Lösungen.
PQ ist die Gerade mit der Gleichung
$b = 70 - 4a$.
Die quadratische Säule hat die Maße a, b = a und 3a.
Für 280 cm Draht erhält man a = 14 cm, b = 14 cm und 3a = 42 cm.

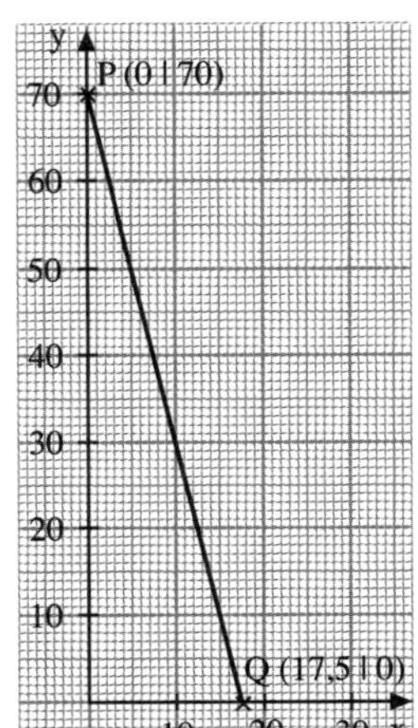

4. Punkt: Keine Lösungen

48

2. Auftrag: Gegenseitige Lage von Geraden im Koordinatensystem

Hier werden Teile der ersten Aufgabe (Veranschaulichung von Lösungspaaren) weitergeführt, indem eine zweite Gerade hinzugenommen wird (zwei Gleichungen mit zwei Variablen). Die Umkehrung der ersten Aufgabe wird bei einer relativ einfachen kontextfreien Problemstellung thematisiert und soll mit den Möglichkeiten des GTR untersucht werden.

1. Punkt: Keine Lösungen

2. Punkt: Beispiele: $y = -2x + 11$; $y = -x + 8$; $y = 5$; $y = x + 2$; $y = 2x - 1$; $y = 3x - 4$

3. Auftrag: Vergleichen lohnt sich

Dies ist eine Standardaufgabe für dieses Kapitel. Sie ist aber ganz offen gestellt. Im Team können mehrere Vorgehensweisen diskutiert werden. Durch die ersten beiden Aufgaben sind rechnerische und grafische Verfahren vorbereitet. Bei Tarif Eco bezieht sich die angegebene Grundgebühr auf ein Jahr, bei Tarif Hyper auf einen Monat.

1. Punkt: Wir zeichnen für jeden Tarif den zugehörigen Graphen in ein gemeinsames Koordinatensystem. Da die Abrechnungen für den Stromtarif jährlich erfolgen, erhalten wir die folgenden Funktionsgleichungen:
Tarif Eco: $y = 0{,}175x + 57$
Tarif Hyper: $y = 0{,}164x + 8{,}50 \cdot 12 = 0{,}164x + 102$

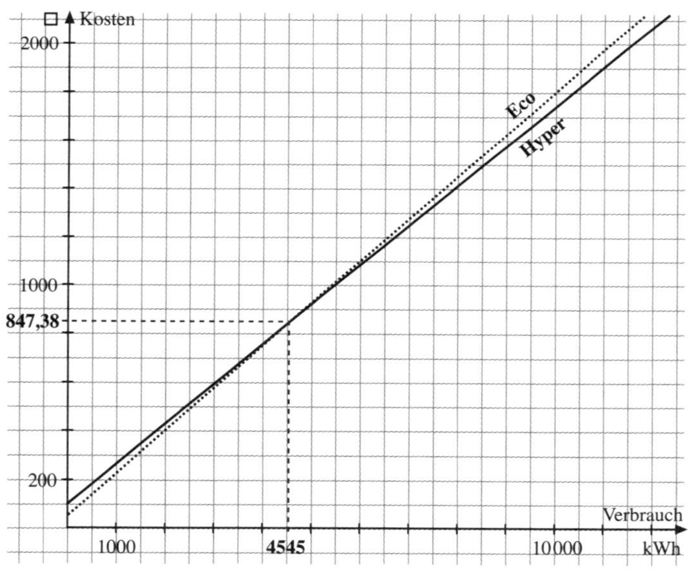

Aus dem Bild liest man ab:
Für einen jährlichen Verbrauch bis zu 4545 kWh ist der Tarif Eco günstiger, bei einem höheren Verbrauch Tarif Hyper. Bei 4545 kWh kosten beide Tarife gleich viel, nämlich 847,38 €. Die Angabe 1 kWh für einen halben Tag ist etwa richtig (Fernsehgerät 100 W bis 120 W).

2. Punkt: Keine Lösungen

2.1 Lineare Gleichungen der Form ax + by = c

2.1.1 Lösungen einer linearen Gleichung mit zwei Variablen – Graph

51

2. **a)** P_2, P_3 und P_6 **b)** P_2 und P_5 **c)** P_1, P_3 und P_5 **d)** P_1 und P_6

3. Je größer die Länge des Auslaufes ist, desto kleiner ist die Breite.
y: Länge des Auslaufes
x: Breite des Auslaufes
Gleichung: x = 10 – 2y

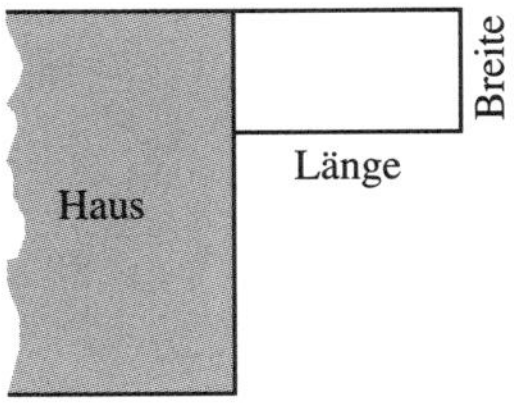

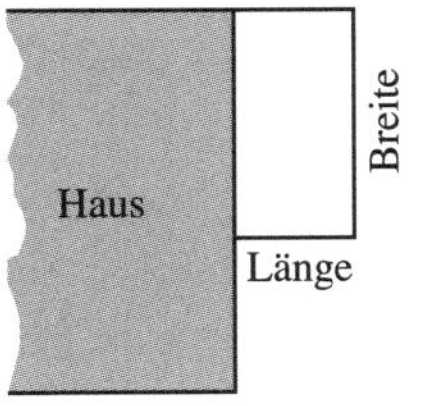

4. **a)** $4x + 8y = 40$

b) $\left\{(2\,|\,4),\ (6\,|\,2),\ (3\,|\,3{,}5),\ \left(\frac{1}{2}\,\middle|\,\frac{19}{4}\right)\right\}$

c) $y = -\frac{1}{2}x + 5$

d) x darf nicht größer als 10 sein. Wenn x den Zahlenwert 10 hat, hat y den Zahlenwert 0. y darf nicht größer als 5 sein. Wenn y den Zahlenwert 5 hat, hat x den Zahlenwert 0.

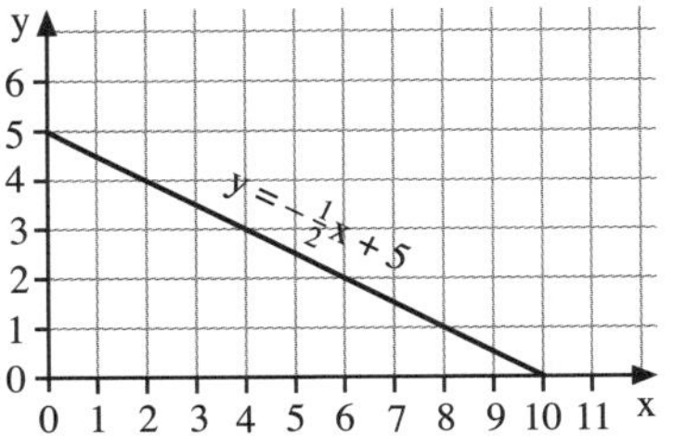

52

5. **a)** (4 | 4), (–1 | 9)

b) $\left(0\,\middle|\,\frac{1}{4}\right)$

c) (1 | –6), (2 | 0)

d) (4 | 4), (–1 | 9)

6. Lösungen sind z. B.: $\left(0\,\middle|\,\frac{3}{5}\right)$, $\left(-\frac{3}{2}\,\middle|\,0\right)$ und (1 | 1).
Keine Lösungen sind z. B.: (1 | 0) und (2 | 2).

7. **a)** $y = -2x + 10$

Steigung: –2

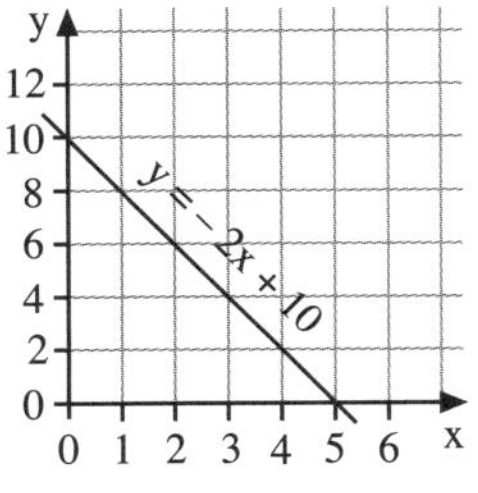

b) $y = \frac{3}{5}x - 4$

Steigung: $\frac{3}{5}$

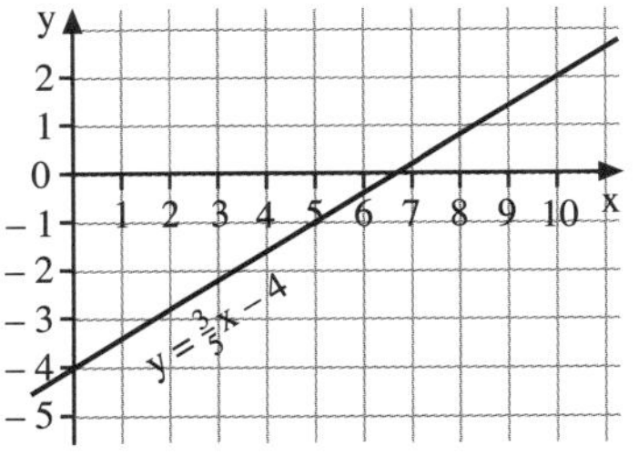

52

7. c) $y = -\frac{1}{2}x - 3{,}5$

Steigung: $-\frac{1}{2}$

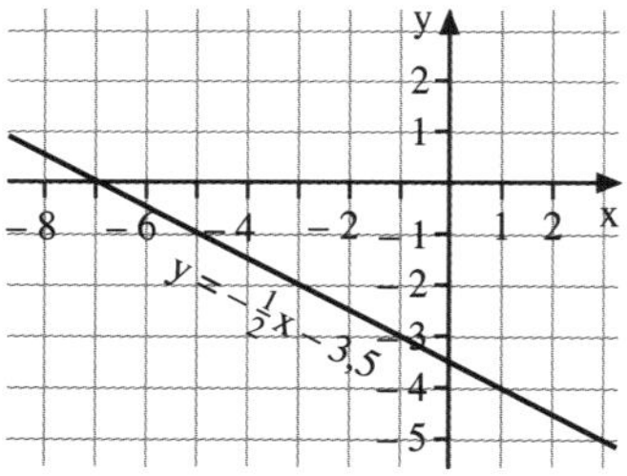

d) $y = -x + 4$

Steigung: -1

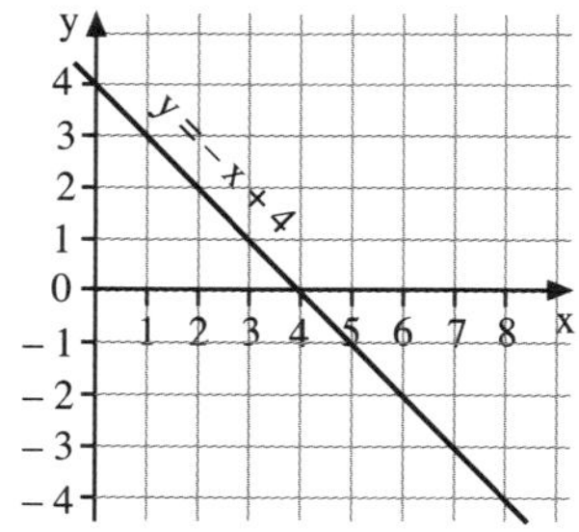

8. a) $y = -3x + 1{,}5$

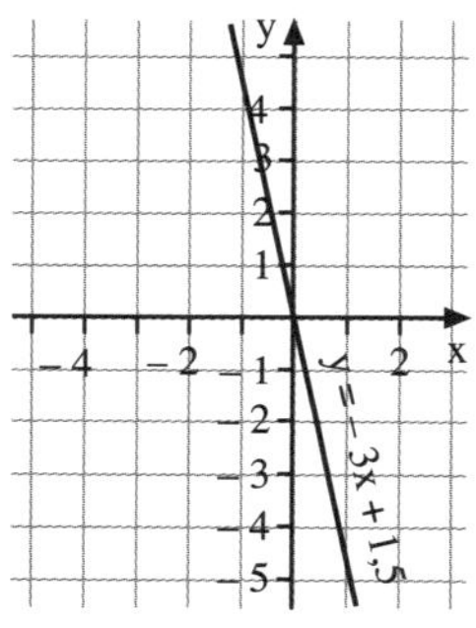

b) $y = 2{,}5x - 3{,}5$

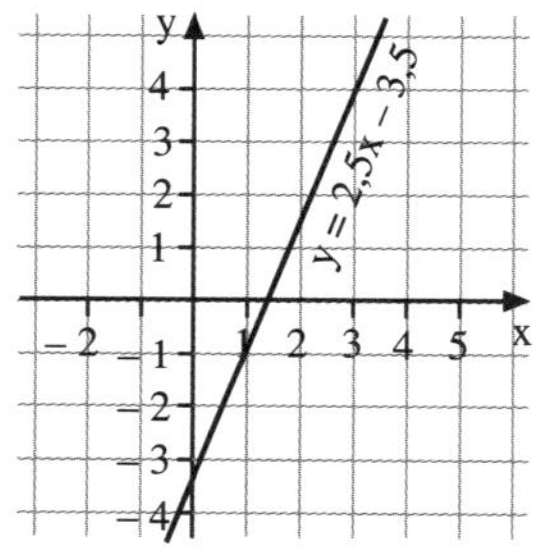

c) $y = -3x$

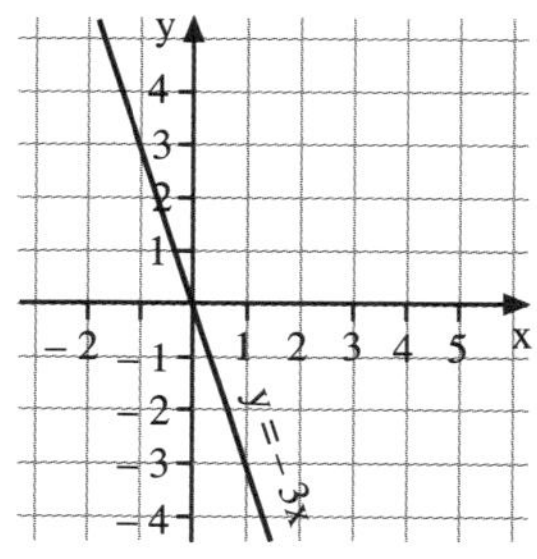

9. $s \rightarrow t$

$t = 1{,}5s - 6$

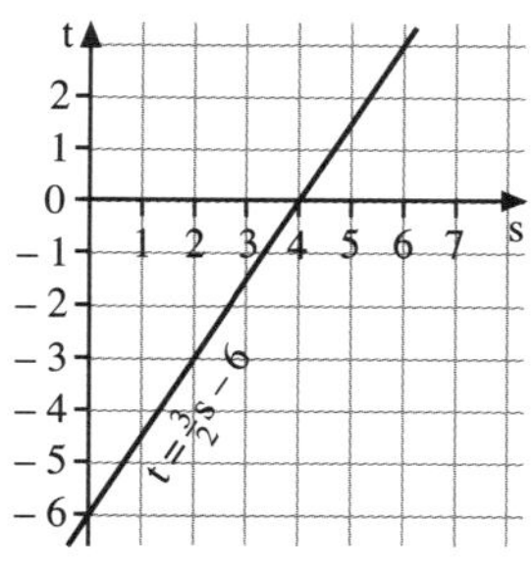

$t \rightarrow s$

$s = \frac{2}{3}t + 4$

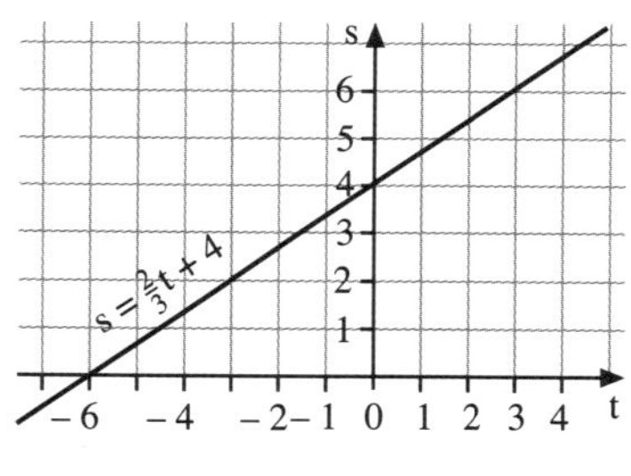

Beide Geraden schneiden die Achsen bei 4 und –6, nur vertauscht. Spiegelt man die erste Gerade an der Funktion y = x erhält man die zweite Gerade.

10.

a)	Steigung: 4	y-Achse: 5	x-Achse: –1,25
b)	Steigung: –0,8	y-Achse: 1	x-Achse: 1,25
c)	Steigung: $\frac{1}{3}$	y-Achse: 0	x-Achse: 0
d)	Steigung: –2	y-Achse: 3	x-Achse: 1,5

52 **11.** **a)** P_5 und P_7 **b)** P_1 **c)** P_3 **d)** P_2 und P_7
(P_4 und P_6 gehören zu keinem der vier Graphen.)

12. **a)** (0 | 1); (1 | 0); (1 | 0); (–5 | 6); (–0,2 | 1,2); (1,6 | –0,6)
b) (0 | 0); (0 | 0); (1 | 0,4); (15 | 6); (–0,2 | –0,08); (–1,5 | –0,6)
c) (0 | 6); (4 | 0); (1 | 4,5); (0 | 6); (–0,2 | 6,3); (4,4 | –0,6)
d) (0 | 12); (–4 | 0); (1 | 15); (–2 | 6); (–0,2 | 11,4); (–4,2 | –0,6)

13. 3x + 2y = 0 4x + 7y = –13 5x – 2y = 16

14. -

15. x: Anzahl der Weizenbrötchen
y: Anzahl der Vollkornbrötchen
Gleichung: 0,30x + 0,50y = 24
Drei Lösungen sind z. B.: (80 | 0); (0 | 48) und (70 | 6)
Funktionsgleichung: y = –0,6x + 48

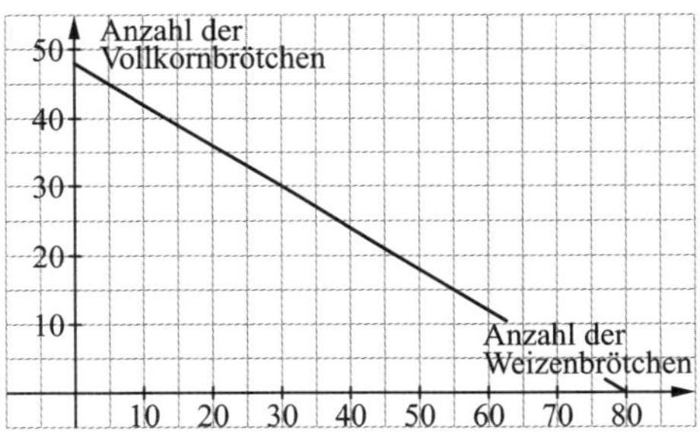

16. **a)** 20 €; 40 €; 50 €; 60 € und 70 €
b) x: Anzahl der 20-€-Scheine
y: Anzahl der 50-€-Scheine
Gleichung: 20x + 50y = 430
c) Ja, z. B. (–1 | 9) und (1 | 8,2).

53 **17.** Falsch sind: (–6 | –3); (4,3 | 2); (5 | 3,5).
Richtig wäre: (–6 | 7); (4,3 | 3,57); (5 | 3,3).

2.1.2 Sonderfälle bei linearen Gleichungen mit zwei Variablen

2. **a)** (1) **b)** (4)

54 **3.** **a)** Gerade geht durch (2 | 3) und (0 | 3). Lineare Gleichung: 0x + y = 3.
b) Gerade geht durch (2 | 3) und (2 | 0). Lineare Gleichung: x + 0y = 2
Beide Geraden sind Graphen linearer Gleichungen, aber b) ist keine Funktionsgleichung.

54 **4.** **a)** Gerade durch (2 | 2) und (0 | 2). Gleichung: $y = 2$
b) Gerade durch $\left(\frac{3}{2} \mid 3\right)$ und $\left(\frac{3}{2} \mid 0\right)$. Gleichung: $x = \frac{3}{2}$
c) Gerade durch (2 | −2,4) und (0 | −2,4). Gleichung: $y = -2{,}4$
d) Gerade durch (0,9 | 3) und (0,9 | 0). Gleichung: $x = 0{,}9$

5. **a)** (5 | 2) und (5 | −1)
b) $\left(\frac{1}{2} \mid -1\right)$ und (5 | −1)
c) $\left(\frac{1}{2} \mid -1\right)$
d) (1 | 5)
e) Kein Zahlenpaar ist Lösung.

55 **6.** **a)** $0x + y = 6$ Gerade durch: (0 | 6); (1 | 6)
b) $x + 0y = 2$ Gerade durch: (2 | 0); (2 | 1)
c) $0x + y = -1{,}5$ Gerade durch: (0 | −1,5); (1 | −1,5)
d) $x + 0y = -5{,}5$ Gerade durch: (−5,5 | 0); (−5,5 | 1)
e) $0x + y = \frac{5}{2}$ Gerade durch: $\left(0 \mid \frac{5}{2}\right)$; $\left(1 \mid \frac{5}{2}\right)$
f) $6x + 0y = 3$ Gerade durch: (0,5 | 0); (0,5 | 1)
g) $0x - 2y = 1$ Gerade durch: (0 | −0,5); (1 | −0,5)

7. **a)** P_2 und P_4 **b)** P_1 **c)** P_1 **d)** P_2 **e)** P_3 und P_6 **f)** P_5 und P_6 **g)** P_2 und P_4

8. **a)** $0x + y = 1{,}5$; $y = 1{,}5$ **b)** $0x + y = -0{,}5$; $y = -0{,}5$ **c)** $x + 0y = 1{,}5$; $x = 1{,}5$ **d)** $s + 0t = -2$; $s = -2$
Die Geraden von a) und b) gehören zu einer linearen Funktion.

9. $0x + y = 4{,}2$; $y = 4{,}2$ $0x + y = -4{,}2$; $y = -4{,}2$
[$x + 0y = 4{,}2$; $x = 4{,}2$ $x + 0y = -4{,}2$; $x = -4{,}2$]

10. **a)** $0x + y = 0$; $y = 0$ **b)** $x + 0y = 0$; $y = 0$

11. **a)** $y = -7$ [$y = 5{,}3$] **b)** $y = 4$ [$y = 1{,}9$]

12. Beide Aussagen sind falsch, da $0x + 0y = 0$ keine Gerade als Graph hat.

13. **a)** Mögliche Lösungen sind (8 | 5) und (21 | 12). Es ist nur möglich, wenn die Gleichung in $y = mx + c$ auflösbar ist mit $m \neq 0$.
b) (1) $y = -\frac{7}{9}x - \frac{5}{9}$ (2) $y = -\frac{7}{5}$
(3) Keine Lösung, da die Auflösung nach y zu einer Division durch null führt.

2.2 Systeme linearer Gleichungen – Grafisches Lösungsverfahren

57 **2.** (1) $L = \{(3 \mid 2)\}$
(2) $L = \{\ \}$; beide Geraden sind parallel
(3) $L = \{(x \mid y) \mid y = -2x - 4\}$; die Geraden sind identisch

58 **3.** -

59 **4.** x: Zeit (in h); y = Kerzenlänge (in cm)

Gleichungssystem: $\left| \begin{array}{l} y = 12 - 3{,}5x \\ y = 7 - 1{,}5x \end{array} \right|$ $L = \{(2{,}5 \mid 3{,}25)\}$

Die Kerzen sind nach zweieinhalb Stunden jeweils 3,25 cm lang.
Man geht davon aus, dass die Kerzen bis zuletzt gleichmäßig abbrennen.

5. x: Gasverbrauch (in m³); y: Gesamtkosten (in €)

Gleichungssystem: $\left| \begin{array}{l} y = 0{,}45x + 5 \\ y = 0{,}25x + 10 \end{array} \right|$ $L = \{(25 \mid 16{,}25)\}$

Familie Siede hat im April 25 m³ Gas verbraucht und muss 16,25 € bezahlen.

6. x: Anzahl der Karten für Erwachsene; y: Anzahl der Karten für Jugendliche

Gleichungssystem: $\left| \begin{array}{r} 10x + 5y = 700 \\ x + \ \ y = 100 \end{array} \right|$ $L = \{(40 \mid 60)\}$

Es wurden 40 Karten an Jugendliche und 60 Karten an Erwachsene verkauft.

7. $(2 \mid 2)$

60 **8.** **a)** $(-2 \mid 3)$ **b)** $(-1 \mid 1)$ **c)** $(-1{,}75 \mid 5)$ **d)** $(3 \mid 4{,}5)$ **e)** $(4 \mid 2)$

9. x: Anzahl der Dreibettzimmer; y: Anzahl der Fünfbettzimmer.

Gleichungssystem: $\left| \begin{array}{r} 3x + 5y = 145 \\ x + \ \ y = 35 \end{array} \right|$ $L = \{(15 \mid 20)\}$

Die Jugendherberge hat 15 Drei- und 20 Fünfbettzimmer.

10. Das Gleichungssystem hat nur eine Lösung, und zwar das Zahlenpaar $L = \{(2 \mid -1)\}$.

11. **a)** $L = \{(2{,}125 \mid 2{,}625)\}$ **c)** $L = \{(1{,}0829 \mid 0{,}4824)\}$
b) $L = \{(1{,}3019 \mid -2{,}136)\}$ **d)** $L = \{(1{,}2 \mid 6{,}6)\}$

12. **a)** $\left| \begin{array}{l} y + 2x = 0 \\ 2y - 6 = 2x \end{array} \right|$ $L = \{(-1 \mid 2)\}$

b) $\left| \begin{array}{r} y + x = 4 \\ 2y - 4x = -4 \end{array} \right|$ $L = \{(2 \mid 2)\}$

c) $\left| \begin{array}{l} 3y + 2x = 6 \\ 2y + x = -4 \end{array} \right|$ $L = \{(24 \mid -14)\}$

60

13. a) $\left|\begin{array}{l} y = 2x - 3 \\ y = 2x - 2{,}5 \end{array}\right|$ 2. Fall (parallel)

b) $\left|\begin{array}{l} y = -2x + 2{,}5 \\ y = -2x + 2{,}5 \end{array}\right|$ 3. Fall (identisch)

c) $\left|\begin{array}{l} y = -2x + 6 \\ y = -1{,}5x + 4 \end{array}\right|$ 1. Fall (4 | –2)

d) $\left|\begin{array}{l} y = 0{,}5x - \frac{1}{3} \\ y = 0{,}5x + \frac{1}{3} \end{array}\right|$ 2. Fall (parallel)

e) $\left|\begin{array}{l} y = 0{,}5x - 1{,}5 \\ y = \frac{4}{9}x - \frac{4}{3} \end{array}\right|$ 1. Fall (3 | 0)

f) $\left|\begin{array}{l} x = 9 \\ y = -2 + \frac{2}{3}x \end{array}\right|$ 1. Fall (9 | 4)

g) $\left|\begin{array}{l} v = 3u - 6 \\ v = \frac{1}{3}u - 2 \end{array}\right|$ 1. Fall (1,5 | –1,5)

h) $\left|\begin{array}{l} t = -\frac{1}{3}s + 2 \\ t = -\frac{1}{3}s + 1{,}5 \end{array}\right|$ 2. Fall (parallel)

14. (1) rot: (1 | 0); (–1 | –1)
blau: (1,5 | –2); (0 | 1,25)

$\left|\begin{array}{l} y = \frac{1}{2}x - \frac{1}{2} \\ y = -\frac{13}{6}x + \frac{5}{4} \end{array}\right|$

$L = \left\{\left(\frac{2}{3}\middle|-\frac{1}{6}\right)\right\}$

(2) rot: (1 | –1); (–2 | –2)
blau: (0 | 1); (1,5 | 1,5)

$\left|\begin{array}{l} y = \frac{1}{3}x - \frac{4}{3} \\ y = \frac{1}{3}x + 1 \end{array}\right|$

$L = \{\ \}$

(3) rot: (0 | 1); (2 | 0)
blau: (0 | 1); (2 | 0)

$\left|\begin{array}{l} y = -\frac{1}{2}x + 1 \\ y = -\frac{1}{2}x + 1 \end{array}\right|$

$L = \left\{(x \mid y) \;\middle|\; y = -\frac{1}{2}x + 1\right\}$

(4) rot: $\left(\frac{3}{2}\middle| y\right)$
blau: (0 | 2); (–1,5 | 3)

$\left|\begin{array}{l} 0 = x - \frac{3}{2} \\ y = -\frac{3}{2}x + 2 \end{array}\right|$

$L = \left\{\left(\frac{3}{2}\middle| 1\right)\right\}$

15. *Beispiele:*

(1) $2x - 5y = 4$ $\left[-\frac{1}{2}x + y = -2\right]$

(2) $2x + 5y = 3$ $\left[-\frac{1}{2}x - y = -1\right]$

(3) $4x - 10y = 6$ $[-x + 2y = -2]$

2.3 Gleichsetzungsverfahren

62

2. **a)** $L = \{(3 \mid -5)\}$
b) $L = \{(2 \mid -4)\}$
c) $L = \{(5{,}48 \mid -0{,}45)\}$
d) $L = \left\{\left(\frac{45}{7} \mid \frac{29}{7}\right)\right\}$

3. **a)** $L = \left\{\left(5 \mid \frac{9}{5}\right)\right\}$
b) $L = \{(10 \mid -7)\}$
c) $L = \{(0 \mid 2)\}$
d) $L = \{(3 \mid 5)\}$

4. **a)** $L = \{(8 \mid 5)\}$
b) $L = \left\{\left(\frac{5}{7} \mid -\frac{22}{7}\right)\right\}$
c) $L = \{(12 \mid 6)\}$
d) $L = \{(11 \mid -2)\}$
e) $L = \{(29 \mid 11)\}$
f) $L = \left\{\left(-\frac{8}{3} \mid -\frac{5}{3}\right)\right\}$
g) $L = \{(0{,}4 \mid 1{,}3)\}$
h) $L = \left\{\left(1 \mid \frac{1}{6}\right)\right\}$

2.4 Einsetzungsverfahren

63

1. **a)** $L = \{(2 \mid -8)\}$
b) $L = \{(-1{,}5 \mid -2{,}5)\}$
c) $L = \{(32 \mid 7)\}$
d) $L = \{(-3{,}5 \mid -0{,}5)\}$

2. **a)** $L = \left\{\left(4 \mid \frac{15}{7}\right)\right\}$
b) $L = \left\{\left(\frac{1}{2} \mid 21\right)\right\}$
c) $L = \{(-2 \mid -3)\}$
d) $L = \{(259 \mid -37)\}$

2.5 Additionsverfahren

2.5.1 Subtraktion zweier Gleichungen eines Systems

64

1. x: Grundgebühr in €
y: Kilometerkosten in €

$$\left| \begin{array}{l} x + 7y = 8{,}40 \\ x + 10y = 11{,}25 \end{array} \right|$$

$L = \{(1{,}75 \mid 0{,}95)\}$
Die Kosten für 1 km betragen 0,95 €, die Grundgebühr beträgt 1,75 €.

2. **a)** $L = \{(4 \mid 3)\}$ **b)** $L = \{(2 \mid 1)\}$ **c)** $L = \{(4 \mid 6)\}$ **d)** $L = \{(3 \mid -5)\}$

2.5.2 Lösen eines Gleichungssystems mit dem Additionsverfahren

66 **2.** **a)** $L = \{(2 \mid 1)\}$ **d)** $L = \{(4 \mid -3)\}$ **g)** $L = \{(-4 \mid -2)\}$

b) $L = \{(-2 \mid 1)\}$ **e)** $L = \{(5 \mid 1)\}$ **h)** $L = \left\{\left(\frac{2}{3} \mid 0\right)\right\}$

c) $L = \{(-3 \mid 4)\}$ **f)** $L = \{(-2 \mid 3)\}$ **i)** $L = \{(x \mid y) \mid y = 2x - 1\}$

3. **a)** $L = \{(-2 \mid 3)\}$ **c)** $L = \left\{\left(0 \mid -\frac{5}{4}\right)\right\}$ **e)** $L = \{\ \}$

b) $L = \{\ \}$ **d)** $L = \left\{\left(\frac{1}{2} \mid 4\right)\right\}$ **f)** $L = \{(2 \mid 6)\}$

4. **a)** $L = \{(27 \mid -15)\}$ **e)** $L = \left\{\left(5 \mid \frac{1}{2}\right)\right\}$ **i)** $L = \{(1 \mid 2)\}$

b) $L = \{(11 \mid 8)\}$ **f)** $L = \{(8 \mid 5)\}$ **j)** $L = \{(8 \mid 2)\}$

c) $L = \{(10 \mid 3)\}$ **g)** $L = \left\{\left(-\frac{3}{4} \mid \frac{27}{4}\right)\right\}$

d) $L = \{(40 \mid 56)\}$ **h)** $L = \left\{\left(6 \mid \frac{14}{3}\right)\right\}$

67 **5.** **a)** $L = \{(9 \mid 7)\}$ **b)** $L = \left\{\left(1 \mid \frac{1}{2}\right)\right\}$ **c)** $L = \{(10 \mid 21)\}$ **d)** $L = \{(1{,}1 \mid 2{,}2)\}$

2.5.3 Sonderfälle beim rechnerischen Lösen

68 **2.** (1) $L = \{\ \}$ (2) $L = \left\{(x \mid y) \mid y = \frac{1}{2}x - \frac{3}{2}\right\}$

3. (1) $L = \left\{(x \mid y) \mid y = \frac{1}{2}x + \frac{1}{4}\right\}$ (4) $L = \{(x \mid y) \mid y = 6x\}$

(2) $L = \{\ \}$ (5) $L = \left\{(x \mid y) \mid y = \frac{3}{2}x - 3\right\}$

(3) $L = \{\ \}$ (6) $L = \{\ \}$

4. **a)** Gleichungssystem wurde richtig gelöst.
b) Fehler im Gleichungssystem. $L = \{\ \}$.
c) Gleichungssystem wurde richtig gelöst.

5. (1) und L_c (2) und L_d (3) und L_b (4) und L_a (5) und L_e

2.5.4 Vermischte Übungen

69 **1.** (1) $L = \{(10 \mid 12)\}$ (2) $L = \left\{(x \mid y) \mid y = x + \frac{1}{2}\right\}$ (3) $L = \{(-2 \mid 3)\}$

69

2. **a)** $L = \{\ \}$ **b)** $L = \left\{\frac{3}{4} \mid -\frac{3}{2}\right\}$ **c)** $L = \left\{(x \mid y) \mid y = \frac{1}{4}x - \frac{3}{4}\right\}$

3. **a)** $L = \{(3 \mid -3)\}$
b) $L = \{\ \}$
c) $L = \{(u \mid v) \mid u = 3 - 10v\}$
d) $L = \left\{\left(1\frac{4}{7} \mid 4\frac{5}{7}\right)\right\}$
e) $L = \left\{\left(-\frac{10}{3} \mid \frac{4}{3}\right)\right\}$
f) $L = \{(-1 \mid 4)\}$
g) $L = \{(x \mid y) \mid y = -x + 5\}$
h) $L = \{(-1 \mid -2)\}$
i) $L = \{\ \}$
j) $L = \left\{\left(-15 \mid -\frac{5}{2}\right)\right\}$
k) $L = \left\{\left(-15 \mid -\frac{5}{2}\right)\right\}$
l) $L = \left\{\left(2\frac{1}{6} \mid \frac{5}{9}\right)\right\}$
m) $L = \left\{(x \mid y) \mid y = \frac{3}{2}x\right\}$
n) $L = \left\{(x \mid y) \mid y = \frac{1}{3}x + \frac{4}{3}\right\}$
o) $L = \left\{(x \mid y) \mid y = \frac{1}{16}x - \frac{1}{8}\right\}$

4. **a)** $L = \{(1 \mid 7)\}$
b) $L = \{(-3 \mid 4)\}$
c) $L = \{(5 \mid 3)\}$
d) $L = \{\ \}$
e) $L = \{(2 \mid 4)\}$
f) $L = \{(0{,}5 \mid 0{,}25)\}$
g) $L = \left\{(x \mid y) \mid y = -\frac{2}{3}x + \frac{1}{3}\right\}$
h) $L = \{(2 \mid 1)\}$
i) $L = \{(2{,}5 \mid 1{,}5)\}$
j) $L = \left\{\left(\frac{3}{2} \mid 2\frac{1}{3}\right)\right\}$
k) $L = \{(1 \mid 3)\}$
l) $L = \{(4 \mid -6)\}$
m) $L = \{\ \}$
n) $L = \{(0 \mid 0)\}$
o) $L = \{(x \mid y) \mid y = 0{,}4x - 1{,}6\}$

70

5. -

6. **a)** $L = \{(-2 \mid 4)\}$
b) $L = \{\ \}$
c) $L = \{(-85 \mid -1\,177)\}$
d) $L = \left\{\left(-\frac{15}{13} \mid -\frac{27}{650}\right)\right\}$

7. **a)** $\left|\begin{array}{l} 8x - 9y = 22 \\ 3x - 5y = \ \ 5 \end{array}\right|$ $L = \{(5 \mid 2)\}$

b) $\left|\begin{array}{l} 12u + 5v = 22 \\ 18u + 7v = 32 \end{array}\right|$ $L = \{(1 \mid 2)\}$

c) $\left|\begin{array}{r} 5x - 6y = 0 \\ -10x + 12y = 24 \end{array}\right|$ $L = \{\ \}$

d) $\left|\begin{array}{l} -6x - 21y = 0 \\ 18x + 63y = 0 \end{array}\right|$ $L = \left\{(x \mid y) \mid y = -\frac{2}{7}x\right\}$

e) $\left|\begin{array}{r} y = -x + 9 \\ 4x = 7 - 4y \end{array}\right|$ $L = \{\ \}$

70

7. f) $\left|\begin{array}{r} 2y = 5 \\ 3y - 5 = x \end{array}\right|$ $L = \{(2{,}5 \mid 2{,}5)\}$

g) $\left|\begin{array}{r} 2x = -4 \\ 10y - 3x = 6 \end{array}\right|$ $L = \{(-2 \mid 0)\}$

h) $\left|\begin{array}{l} \frac{1}{2}y - x = \frac{1}{2}y - x \\ 2x + 3y = 2x + 3y \end{array}\right|$ $L = \{(x \mid y) \text{ alle } x \text{ und } y \in \mathbb{R}\}$

i) $\left|\begin{array}{c} 5x + 4y = 16 \\ 3x + y = 4 \end{array}\right|$ $L = \{(0 \mid 4)\}$

j) $\left|\begin{array}{r} 22x + y = 21 \\ -9x - 4y = -5 \end{array}\right|$ $L = \{(1 \mid -1)\}$

k) $\left|\begin{array}{l} \frac{1}{2}p + \frac{1}{3}q = \frac{13}{6} \\ \frac{3}{4}p + \frac{2}{5}q = \frac{61}{20} \end{array}\right|$ $L = \{(3 \mid 2)$

l) $\left|\begin{array}{l} \frac{3}{8}x + \frac{2}{3}y = \frac{3}{2} \\ \frac{1}{4}x - \frac{5}{6}y = 1 \end{array}\right|$ $L = \{4 \mid 0)\}$

8. $\left|\begin{array}{l} x + 2y = 142 \\ y - 5x = 5 \end{array}\right|$ $L = \{(12 \mid 65)\}$

9. a) $\left|\begin{array}{l} y = 2x + 4{,}7 \\ y = -7x + 4{,}7 \end{array}\right|$ **c)** $\left|\begin{array}{l} y = 2x + 5 \\ y = 2x + 9 \end{array}\right|$ **e)** $\left|\begin{array}{r} 2y = -x + 6 \\ \frac{1}{2}x = -y + 3 \end{array}\right|$

b) $\left|\begin{array}{c} y = 13{,}7 \\ x + y = 13{,}7 + x \end{array}\right|$ **d)** $\left|\begin{array}{l} y = 0 \\ x = -2{,}8 \end{array}\right|$ **f)** $\left|\begin{array}{r} y = 4x \\ 3y = -2x \end{array}\right|$

10. *Grafisches Lösungsverfahren:*

1. die beiden linearen Gleichungen in die Geradenform y = mx + b umformen
2. beide Geraden zeichnen
3. Schnittpunkt der Geraden ist die Lösung des Gleichungssystems

Gleichsetzungsverfahren:

1. beide Gleichungen nach einer gemeinsamen Variablen auflösen
2. die beiden Gleichungen gleichsetzen und nach der verbleibenden Variablen auflösen
3. die berechnete Variable in eine der beiden Ausgangsgleichungen einsetzen und die zweite Variable ausrechnen

Einsetzungsverfahren:

1. eine der beiden Gleichungen nach einer Variablen auflösen
2. den erhaltenen Term in die andere Gleichung einsetzen und nach der verbleibenden Variablen auflösen
3. die berechnete Variable in eine der beiden Ausgangsgleichungen einsetzen und die zweite Variable ausrechnen.

70

10. *Additionsverfahren:*

1. multipliziere eine oder beide Gleichungen mit einer von 0 verschiedenen Zahl, sodass eine Variable in beiden Gleichungen den gleichen Faktor erhält.
2. subtrahiere die beiden Gleichungen von einander, sodass nur eine der beiden Variablen verbleibt
3. löse nach dieser Variablen auf
4. die berechnete Variable in eine der beiden Ausgangsgleichungen einsetzen und die zweite Variable ausrechnen

11. x: monatlicher Verbrauch in kWh
y: Gesamtkosten in €
(1) $0{,}10x + 2{,}50 = y$ (2) $0{,}09x + 4{,}50 = y$ (3) $0{,}07x + 10{,}50 = y$

$$\left|\begin{array}{r} 0{,}10x + 2{,}50 = y \\ 0{,}09x + 4{,}50 = y \end{array}\right| : \; L = \{(200 \mid 22{,}5)\}$$

$$\left|\begin{array}{r} 0{,}10x + 2{,}50 = y \\ 0{,}07x + 10{,}50 = y \end{array}\right| : L = \{266{,}66 \mid 29{,}16)\}$$

$$\left|\begin{array}{r} 0{,}09x + 4{,}50 = y \\ 0{,}07x + 10{,}50 = y \end{array}\right| : L = \{300 \mid 31{,}5)\}$$

Am günstigsten ist Tarif A bei 0 - 200 kWh, Tarif B bei 200 - 300 kWh und Tarif C bei mehr als 300 kWh Verbrauch.

12. x: Anzahl der Kaninchen
y: Anzahl der Hühner

$$\left|\begin{array}{r} x + \;\; y = 35 \\ 4x + 2y = 94 \end{array}\right| ; \; L = \{(12 \mid 23)\}$$

Im Käfig sind 12 Kaninchen und 23 Hühner.

2.6 Modellieren mithilfe linearer Gleichungssysteme

74

3. x: Länge in cm
y: Breite in cm

$$\left|\begin{array}{r} y = 5 + x \\ 2x + 2y = 60 \end{array}\right|$$

$L = \{(12{,}5 \mid 17{,}5)\}$
Die Seiten des Rechtecks sind 12,5 cm und 17,5 cm lang.

74

4. x: Länge in m
y: Breite des Rahmens in m

$$\begin{vmatrix} 2x + 2y = 3 \\ y = 2x \end{vmatrix}$$

$L = \{(0{,}5 \mid 1)\}$ $\left[L = \left\{ \frac{3}{8} \mid \frac{9}{8} \right\};\ L = \left\{ \frac{3}{10} \mid \frac{12}{10} \right\} \right]$

Der Rahmen wird 0,50 m breit und 1,00 m lang
[0,375 m breit und 1,125 m lang; 0,30 m breit und 1,20 m lang].

5. x: Basislänge in cm
y: Schenkellänge in cm

a) $\begin{vmatrix} x + 2y = 40 \\ y = x + 5 \end{vmatrix}$

$L = \{(10 \mid 15)\}$

Die Basis ist 10 cm, die Schenkel 15 cm lang.

b) $\begin{vmatrix} x + 2y = 40 \\ y = x - 5 \end{vmatrix}$

$L = \left\{\left(\frac{50}{3} \mid \frac{35}{3} \right)\right\}$

Die Basis ist $16\frac{2}{3}$ cm ≈ 16,7 cm, die Schenkel $11\frac{2}{3}$ cm ≈ 11,7 cm lang.

6. x: Länge der 1. Strecke (Basis) in cm
y: Länge der längeren Strecke (Schenkel) in cm

$\begin{vmatrix} x + 24 = y \\ x + y = 44 \end{vmatrix}$ $L = \{(10 \mid 34)\}$

Im gesuchten gleichschenkligen Dreieck ist die Basis 10 cm und die Schenkel 34 cm lang.

7. x: Länge der kürzeren Seite in cm
y: Länge der längeren Seite in cm

a) $\begin{vmatrix} 2x + 2y = x + 10 \\ 2x + 2y = y + 5 \end{vmatrix}$ $L = \{(0 \mid 5)\}$

Nein, denn ein Rechteck besitzt nur positive Seitenlängen.

b) $\begin{vmatrix} 2x + 2y = 20 \\ 2x + 2(y - 5) = 10 \end{vmatrix}$ $L = \{(x \mid y) \mid y = -x + 10\}$

Ja, alle Rechtecke mit einem Umfang von 20 cm haben diese Eigenschaft.

8. x, y: Länge der am rechten Winkel anliegenden Seiten in cm

$$\begin{vmatrix} \frac{1}{2}xy = \frac{1}{2}(x+2)(y+2) - 14 \\ \frac{1}{2}xy = \frac{1}{2}(x-2)(y-2) + 10 \end{vmatrix}$$

$\begin{vmatrix} 12 = x + y \\ -12 = -x - y \end{vmatrix}$ $L = \{y = 12 - x \mid x, y > 2\}$

Die Summe der am rechten Winkel anliegenden Seiten muss 12 cm ergeben.
Jede Seite muss länger als 2 cm sein.

74 **9.** x: Seitenlänge der Quadrate in cm
y: Länge der übrigen Seitenlängen des Quaders

$$\left| \begin{array}{c} 8x + 4y = 88 \\ 8 \cdot (2x) + 4\left(\frac{y}{2}\right) = 88 + 28 \end{array} \right| \qquad L = \{(6 \mid 10)\}$$

Der Quader hat Quadrate mit einer Seitenlänge von 6 cm. Die übrigen Seitenlängen sind 10 cm lang.

10. x: Preis eines Weizenbrötchens in €
y: Preis eines Roggenbrötchens in €

$$\left| \begin{array}{l} 6x + 2y = 3{,}60 \\ 4x + 4y = 4{,}00 \end{array} \right| \qquad L = \{(0{,}4 \mid 0{,}6)\}$$

Weizenbrötchen kosten 0,40 €, Roggenbrötchen 0,60 €.

11. x: Arbeitspreis in € pro kWh
y: Grundgebühr in €

$$\left| \begin{array}{l} 426x + y = 49{,}83 \\ 458x + y = 52{,}39 \end{array} \right| \qquad L = \{(0{,}08 \mid 15{,}75)\}$$

Der Arbeitspreis beträgt 0,08 €, die Grundgebühr 15,75 €.

12. x, y: angelegte Geldbeträge in €

$$\left| \begin{array}{l} 0{,}0275 \cdot x + 0{,}036y = 549 \\ 0{,}0525 \cdot x + 0{,}062y = 563 \end{array} \right| \qquad L = \{(9\,531 \mid 7\,913{,}8)\}$$

Frau Schmitt hat 9 531 € und 7 913,8 € angelegt.

13. x: Zinssatz für 12 000 €-Konto
y: Zinssatz für 8 000 €-Konto

$$\left| \begin{array}{l} 12\,000 \cdot x + 8\,000y = 1\,070 \\ 8\,000 \cdot x + 12\,000y = 1\,080 \end{array} \right| \qquad L = \{(0{,}02625 \mid 0{,}0275)\}$$

Die Zinssätze betragen 2,625 % und 2,75 %.

75 **14.** x: Kredithöhe in €
y: Zinssatz

$$\left| \begin{array}{c} x \cdot y = 3600 \\ xy - 5000y = 3555 \end{array} \right| \qquad L = \{(400\,000 \mid 0{,}009)\}$$

Frau Ude hat einen Kredit von 400 000 € aufgenommen.
Sie zahlt 0,9 % Zinsen.

15. **a)** und **b)** s: Entfernung von Meppen (in km)
t: Gefahrene Zeit (in h)

$$\left| \begin{array}{c} s = 14t \\ s = -16t + 15 \end{array} \right| \qquad L = \{(7 \mid 0{,}5)\}$$

Die Radfahrer treffen sich nach einer halben Stunde und sind dann 7 km von Meppen bzw. 8 km von Haselünne entfernt.

75

16. a) und **b)** s: Entfernung von New York (in sm)
t: Zeit, die das Frachtschiff unterwegs ist (in h)

$$\left| \begin{array}{l} s = 21t + 1{,}5 \cdot 24 \cdot 21 \\ s = 28t \end{array} \right| \qquad L = \{(144 \mid 3\,024)\}$$

Das Frachtschiff ist dann 144 Stunden, also 6 Tage, unterwegs, der Schnelldampfer $4\frac{1}{2}$ Tage.

Sie sind dann 3 024 sm, also etwa 5 600 km, von New York entfernt.

17. a) und **b)** s: Entfernung von Hannover (in km)
t: Zeit, die das Postflugzeug von Berlin unterwegs ist (in h)

$$\left| \begin{array}{l} s = 480t + 480 \cdot \frac{1}{6} \\ s = -320t + 420 \end{array} \right| \qquad L = \left\{\left(176 \,\middle|\, \frac{1}{5}\right)\right\}$$

Die Flugzeuge treffen sich $\frac{1}{5}$ h nach 10.10 Uhr, also um 10.22 Uhr. Sie sind dann 176 km von Hannover bzw. 64 km von Berlin entfernt.

18. a) und **b)** s: Entfernung von Lüneburg (in km)
t: Zeit, die der Sonderzug unterwegs ist (in h)
Der Sonderzug fährt mit der Geschwindigkeit 130 $\frac{km}{h}$.

$$\left| \begin{array}{l} s = 130t \\ s = 60t + 60 \cdot \frac{1}{6} \end{array} \right| \qquad L = \left\{\left(\frac{130}{7} \,\middle|\, \frac{1}{7}\right)\right\}$$

Der Sonderzug ist dann $\frac{1}{7}$ h, also knapp 9 min, unterwegs.

Es ist also ungefähr 9.16 Uhr. Die Entfernung bis Hannover beträgt 130 km – $\frac{130}{7}$ km, also ungefähr 111,4 km.

19. a) und **b)** s: Entfernung von Hannover (in km)
v: Geschwindigkeit des 2. Autos (in $\frac{km}{h}$)

$$\left| \begin{array}{l} s = 4 \cdot 80 \\ s = -4v + 500 \end{array} \right| \qquad L = \{(320 \mid 45)\}$$

Das zweite Auto fährt mit der Geschwindigkeit 45 $\frac{km}{h}$. Der Treffpunkt ist 320 km von Hannover und 180 km von Nürnberg entfernt.

20. a) und **b)** t_1: Zeit, die der Radfahrer aus Einbeck unterwegs ist (in h)
t_2: Zeit, die der Radfahrer aus Nordheim länger oder kürzer als der erste Radfahrer aus Einbeck unterwegs ist (in h)

$$\left| \begin{array}{l} 5 = 20 \cdot t_1 \\ 5 = -18 \cdot t_1 - 18 \cdot t_2 + 20 \end{array} \right| \qquad L = \left\{\left(\frac{1}{4} \,\middle|\, \frac{7}{12}\right)\right\}$$

Der Radfahrer aus Einbeck ist $\frac{1}{4}$ h unterwegs. Sie treffen sich also um 10.25 Uhr. Der Radfahrer aus Nordheim ist $\frac{7}{12}$ h früher abgefahren als der Radfahrer aus Einbeck, also um 9.25 Uhr.

76

21. s: Entfernung, die die schnellere Schnecke zurückgelegt hat (in cm)
t: Zeit, die die Schnecken unterwegs sind (in min)
Man geht davon aus, dass die langsamere Schnecke zu Beginn 147 cm vorne liegt.

$$\left| \begin{matrix} s = 8{,}3t \\ s = 4{,}9t + 147 \end{matrix} \right| \qquad L = \left\{ \left(\tfrac{12201}{34} \middle| \tfrac{735}{17} \right) \right\}, \text{ also } L = \{(\approx 358{,}9 \mid \approx 43{,}2)\}$$

Die Schnecken treffen sich in gut 43 Minuten. Die schnellere Schnecke hat dann etwa 359 cm zurückgelegt, die langsamere 212 cm.

22. e: Entfernung von Walsrode bis zum Treffpunkt (in km)
f: Fahrzeit von Walsrode bis zum Treffpunkt (in h)
Michael fährt 2 km in 2 h, also 13 $\frac{\text{km}}{\text{h}}$.

Anne fährt 8 km in $\frac{2}{3}$ h, also 12 $\frac{\text{km}}{\text{h}}$.

$$\left| \begin{matrix} 13t = e \\ 12\left(t - \frac{1}{3}\right) = 26 - e \end{matrix} \right| \qquad L = \{15{,}6 \mid 1{,}2\}$$

Nachdem Michael 1 h 12 min gefahren ist, trifft er Anne (um 16.12 Uhr) in 15,6 km Entfernung von Walsrode.

23. w: Weg des Mopedfahrers bis zum Überholpunkt (in km)
t: Fahrzeit t des Mopedfahrers bis zum Überholpunkt (in h)

a) $$\left| \begin{matrix} w = 35t \\ w - 40 = 15 \cdot \left(t - \frac{2}{3}\right) \end{matrix} \right| \qquad L = \{52{,}5 \mid 1{,}5\}$$

52,5 km von Lüneburg entfernt überholt der Mopedfahrer den Radfahrer nach $1\frac{1}{2}$ Stunden Fahrzeit, also um 9.30 Uhr.

b) d: Startverzögerung des Radfahrers (in h)

$$\left| \begin{matrix} 35t = 60 \\ 15 \cdot (t - d) = 20 \end{matrix} \right| \qquad L = \left\{ \tfrac{12}{7} \middle| \tfrac{8}{21} \right\}$$

Der Mopedfahrer ist $\frac{12}{7}$ h (ungefähr 103 Minuten) gefahren, wenn er den Radfahrer überholt; der Radfahrer musste dann $\frac{8}{21}$ h (ungefähr 23 Minuten) später starten, also ungefähr um 8.23 Uhr.

24. x: Eigengeschwindigkeit der Schiffe (in km pro h)
y: Strömungsgeschwindigkeit (in km pro h)

$$\left| \begin{matrix} (x + y) \cdot \frac{35}{60} = 10 \\ (x - y) \cdot \frac{60}{60} = 10 \end{matrix} \right| \qquad L = \{(\approx 13{,}6 \mid \approx 3{,}6)\}$$

Die Geschwindigkeit der Schiffe beträgt ungefähr 13,6 $\frac{\text{km}}{\text{h}}$, die des Stromes ungefähr 3,6 $\frac{\text{km}}{\text{h}}$.

76

25. x: Länge der Autoschlange (in km)
y: Geschwindigkeit der Autos (in $\frac{km}{h}$)

$$\left|\begin{array}{l}(200-y)\cdot\frac{1}{60}\cdot 3\frac{1}{2}=x\\ (200+y)\cdot\frac{1}{60}\cdot 2\frac{1}{2}=x\end{array}\right| \qquad L=\left\{\left(9\tfrac{13}{18}\,\middle|\,33\tfrac{1}{3}\right)\right\}$$

Die Autoschlange ist ungefähr 9,7 km lang. Die Autos fahren mit $33\frac{1}{3}\ \frac{km}{h}$.

26. x: Eigengeschwindigkeit des Flugzeuges in $\frac{km}{h}$
y: Windgeschwindigkeit in $\frac{km}{h}$

$$\left|\begin{array}{l}(x-y)\cdot 1\frac{40}{60}=360\\ (x+y)\cdot 1\frac{30}{60}=360\end{array}\right| \qquad L=\{(228\mid 12)\}$$

Das Flugzeug fliegt mit 228 $\frac{km}{h}$. Die Windgeschwindigkeit beträgt 12 $\frac{km}{h}$.

27. x, y: Geschwindigkeit der Modellautos in $\frac{m}{s}$

$$\left|\begin{array}{r}60x+8=60y\\ 5x+5y=8\end{array}\right| \qquad L=\left\{\left(\tfrac{11}{15}\,\middle|\,\tfrac{13}{15}\right)\right\}$$

Die Modellautos haben eine Durchschnittsgeschwindigkeit von ungefähr $0{,}73\ \frac{m}{s}$ und $0{,}87\ \frac{m}{s}$.

77

28. x: Länge in Handbreite
y: Breite in Handbreite

$$\left|\begin{array}{l}\frac{1}{4}y+x=7\\ y+x=10\end{array}\right| \qquad L=\{(4\mid 6)\}$$

Die Länge beträgt 4, die Breite 6 Handbreiten.

29. x: Last des Eselchens in Pfund
y: Last der Mutter in Pfund

$$\left|\begin{array}{r}x+1=2(y-1)\\ x-1=y+1\end{array}\right| \qquad L=\{(7\mid 5)\}$$

Das Eselchen trägt 7 Pfund, die Mutter 5 Pfund.

30. x, y: Geldbetrag in Pfennig, den jeder hat

$$\left|\begin{array}{r}x+1=y-1\\ 2(x-1)=(y+1)\end{array}\right| \qquad L=\{(5\mid 7)\}$$

Einer besitzt 5 Pfennig, der andere 7 Pfennig

31. x, y: Preise der Becher in Florin

$$\left|\begin{array}{l}x+16=4y\\ y+16=3x\end{array}\right| \qquad L=\{(7{,}27\mid 5{,}82)\}$$

Die Becher kosten 7,27 Florin und 5,82 Florin.

77

32. x: Preis der Pomeranzen in Mark
y: Preis der Granatäpfel in Mark

$\begin{vmatrix} 36x + 24y = 6 \\ 18x + 72y = 8 \end{vmatrix}$ $\quad L = \left\{\left(\frac{1}{9} \mid \frac{1}{12}\right)\right\}$

Für eine Mark bekommt man 9 Pomeranzen oder 12 Granatäpfel.

33. a) x, y: Geldbetrag in Rubel, den jede Person besitzt

$\begin{vmatrix} x + \frac{2}{4}y = \frac{2}{9} \\ \frac{3}{4}x + y = \frac{2}{9} \end{vmatrix}$ $\quad L = \left\{\left(\frac{8}{45} \mid \frac{4}{45}\right)\right\}$

Die Personen besitzen $\frac{8}{45} \approx 0{,}18$ Rubel und $\frac{4}{45} \approx 0{,}09$ Rubel.

b) x: Anzahl der Männer
y: Anzahl der Frauen

$\begin{vmatrix} x + y = 20 \\ 8x + 7y = 6 \cdot 24 \end{vmatrix}$ $\quad L = \{(4 \mid 16)\}$

Es besuchen das Gasthaus 4 Männer und 16 Frauen.

34. x, y: Alter der Brüder in Jahren

$\begin{vmatrix} \frac{5}{12}x = \frac{2}{3}y \\ x = y + 9 \end{vmatrix}$ $\quad L = \{(24 \mid 15)\}$

Die Brüder sind 24 und 15 Jahre alt.

Im Blickpunkt: Lösen linearer Gleichungssysteme mithilfe des GTR

79

1. a) $L = \{(-1 \mid -7)\}$

b) $L = \{(-10{,}8 \mid 18{,}2)\}$

c) $L = \left\{\left(\frac{199}{390} \mid \frac{14}{195}\right)\right\}$

d) $L = \{(\approx 6{,}458 \mid \approx 0{,}0717)\}$

2. a) $\begin{vmatrix} -1x + 2y = 3 \\ 2x - 4y = 1 \end{vmatrix}$ $\quad L = \{\ \}$

Sonderfall: keine Lösung des Gleichungssystems, das es keine x und y gibt, sodass 0x + 0y = 1 erfüllt ist.

b) $\begin{vmatrix} x + 2y = 3 \\ 4x + 8y = 12 \end{vmatrix}$ $\quad L = \left\{(x \mid y) \mid y = -\frac{1}{2}x + \frac{3}{2}\right\}$

Sonderfall: unendlich viele Lösungen die die Gleichung $y = -\frac{1}{2}x + \frac{3}{2}$ erfüllen.

3. a) (1) $L = \left\{(x \mid y) \mid y = \frac{1}{4}x - \frac{3}{4}\right\}$ (2) $L = \left\{(x \mid y) \mid y = \frac{1}{6}x + \frac{3}{2}\right\}$

b) (1) $L = \left\{(x \mid y) \mid y = \frac{2}{3}x - \frac{5}{3}\right\}$

(2) $L = \{\ \}$

(3) $L = \{\approx 0{,}6699 \mid \approx -0{,}7870\}$

79 **4.** x: Semmeln
y: Kornknacker

$$\begin{vmatrix} 12x + 7y = 7{,}37 \\ 13x + 5y = 6{,}46 \end{vmatrix} \qquad L = \{0{,}27 \mid 0{,}59\}$$

Ein Semmel kostet 27 Cent und ein Kornknacker kostet 59 Cent.

2.7 Aufgaben zur Vertiefung

80 **1.** Das Gleichungssystem ist kein lineares System, da die beiden Gleichungen den Term x · y enthalten. Es ist aber dennoch mit dem Einsetzverfahren lösbar, indem die 1. Gleichung in die 2. eingesetzt wird.
$L = \{(2 \mid 3{,}5)\}$

2. **a)** $L = \{(0 \mid 2)\}$ **b)** $L = \{(x \mid y) \mid y = -4{,}5x + 2\}$

3. Nach Bernds Vorstellung ist das Gleichungssystem nicht lösbar, da man mit dem Gleichungsverfahren nur eine Gleichung erhält, die aber immer noch 2 Unbekannte enthält.

$$L = \left\{\left(\tfrac{2}{7} \;\middle|\; -\tfrac{1}{7}\right)\right\}$$

4. Das Subtraktionsverfahren ist eigentlich das Additionsverfahren.
Das Einsetzungsverfahren ist bei genauerer Betrachtung ein Gleichsetzungsverfahren.
Somit hat Anja Recht.

5. **a)** $a = -3;\ b = 51$ **c)** $a = 19;\ b = -15$
b) a beliebig; $b = -15\ \ (a \neq 19)$

6. *Eine Lösung:* m bzw. t müssen die jeweilige Gleichung erfüllen.
$m = \frac{y-3}{x}$ und $t = y + 2x$
Keine Lösung: Beide Geraden müssen die gleiche Steigung haben, d. h. $m = -2$ und t kann beliebig sein, nur $t \neq +3$.
Unendlich viele Lösungen: Beide Geraden müssen identisch sein, d. h. gleiche Steigung und gleichen Achsenabschnitt, also $m = -2$ und $t = +3$.

7. **a)** $L = \{(1 \mid 1 \mid -4)\}$ **b)** $L = \{(2 \mid 4 \mid -2)\}$ **c)** $L = \{(4 \mid -3 \mid 2)\}$

8.

$$\begin{vmatrix} x + 2y + 6z = 3{,}75 \\ x + y + 4z = 2{,}50 \\ 2x + 3y + 12z = 7{,}25 \end{vmatrix} \qquad L = \{(0{,}25 \mid 0{,}25 \mid 0{,}5)\}$$

Ein Radiergummi kostet 25 Cent, ein Bleistift 25 Cent und ein Buntstift 50 Cent.

81

9. x: Alter des Opas, y: Alter des Sohnes, z: Alter des Enkels

$$\left|\begin{array}{r} x+y=109 \\ y+z=56 \\ x+z=85 \end{array}\right| \quad L=\{(69 \mid 40 \mid 16)\}$$

Der Opa ist 69, der Sohn 40 und der Enkel 16 Jahre alt.

10. x: Rotweinflaschenpreis in €
y: Rose-Weinflaschenpreis in €
z: Weißweinflaschenpreis in €

$$\left|\begin{array}{r} x+y+z=13 \\ 2x+2y+z=20 \\ x+y+2z=19 \end{array}\right| \quad L=\{(x \mid y \mid z) \mid z=6 \text{ und } y=7-x\}$$

Die Weißweinflasche kostet 6 €. Die Rotweinflasche und die Rose-Weinflasche zusammen kosten 7 €.

11. x: Alter der Mutter
y: Alter der ältesten Tochter
z: Alter der jüngeren Tochter

$$\left|\begin{array}{r} x=2(y+z) \\ y=2z \\ x+9=3(z+9) \end{array}\right| \quad L=\{(36 \mid 12 \mid 6)\}$$

Die Mutter ist 36, die ältere Tochter 12 und die jüngere 6 Jahre alt.

12. x: Alter vom Vater
y: Alter der Mutter
z: Alter von Sophie
u: Alter von Jan

$$\left|\begin{array}{r} x+y+z+u=96 \\ x+u=y+z \\ (x-3)+(z-3)=y+u \\ (x-2)+(y-2)=3(z+u) \end{array}\right| \quad L=\{(10 \mid 38 \mid 35 \mid 13)\}$$

Jan ist 10, der Vater 38, die Mutter 35 und Sophie 13 Jahre alt.

13. x, y, z: die Ziffern einer dreiziffrigen Zahl

$$\left|\begin{array}{r} x+y+z=15 \\ 2y=3(x+z) \\ 10y+z=5(10x+y) \end{array}\right| \quad L=\{(1 \mid 9 \mid 5)\}$$

Die gesuchte Zahl heißt 195.

14. u, v, x, y, z: Anzahl der Schafe in den Ställen 1, 2, 3, 4 bzw. 5

$$\left|\begin{array}{r} u+v+x+y+z=100 \\ u+v=50+2 \\ v+x=40+3 \\ x+y=30+4 \\ y+z=30 \end{array}\right| \quad L=\{(27 \mid 25 \mid 18 \mid 16 \mid 14)\}$$

In den 5 Ställen stehen (beginnend mit dem 1. Stall) 27, 25, 18, 16 bzw. 14 Schafe.

81

15. x: Kenia-Kaffee Preis in € pro kg
y: Costa-Rica-Kaffee Preis in € pro kg
z: Mexiko-Kaffee Preis in € pro kg

$$\left| \begin{aligned} 65x + 35y &= 721{,}25 \\ 90z + 10x &= 569 \\ 20z + 25y + 55x &= 675{,}75 \end{aligned} \right| \qquad L = \{(5{,}375 \mid 10{,}625 \mid 5{,}725)\}$$

100 kg Kenia-Kaffee kostet 537,50 €, 100 kg Costa-Rica-Kaffee kostet 1 062,50 € und 100 kg Mexiko-Kaffee kostet 572,50 €.

3. Quadratwurzeln – Reelle Zahlen

Lernfeld: Entdeckungen an Zahlen

84

1. Auftrag: Unterschiedliche Striche: Bruchstrich – Periodenstrich

Diese Aufgabe führt zu der Erkenntnis, dass Bruchzahlen äquivalent zu besonderen Dezimalbrüchen sind: endliche oder periodische. Dies soll eigenständig entdeckt werden. Die Besonderheit der Neunerperiode ist Gegenstand des letzten Teils. Ziel ist auch, dass die Schüler die Umwandlungen in beide Richtungen vornehmen können. Dies bereitet für das Kapitel vor, dass nichtperiodische Dezimalbrüche eine neue Sorte Zahlen darstellen müssen.

1. Punkt: Die Brüche werden in Dezimalbrüche umgewandelt,
z. B. $\frac{5}{22} = 5 : 22 = 0{,}227272727...$
Die letzte Ziffer auf dem Taschenrechner ist gerundet.

2. Punkt: Druckfehler Gruppe B: $\frac{40}{12}$ statt $\frac{2}{3}$
Gruppe A enthält abbrechende Dezimalbrüche: $\frac{6}{15} = 0{,}4$ und $\frac{25}{8} = 3{,}125$
Gruppe B enthält sofortperiodische Dezimalbrüche: $\frac{120}{66} = 1{,}\overline{81}$ und $\frac{40}{12} = 3{,}\overline{3}$
Gruppe C enthält nichtsofortperiodische Dezimalbrüche: $\frac{305}{300} = 0{,}68\overline{3}$ und
$\frac{5}{22} = 0{,}2\overline{27}$

3. Punkt:
Gruppe A: $\frac{3}{25} = 0{,}12$; $\frac{567}{140} = 4{,}05$; $\frac{7432}{1000} = 7{,}432$
Gruppe B: $\frac{25}{15} = 1{,}\overline{6}$; $\frac{235}{99} = 2{,}\overline{37}$
Gruppe C: $\frac{173}{600} = 0{,}26\overline{21}$

4. Punkt: Die Umkehrung ist bei einem abbrechenden Dezimalbruch ganz einfach, da man den Bruch als Zehnerbruch mit dem Nenner 10, 100, 1000, 10 000, …
Beispiele: $0{,}3571 = \frac{3\,571}{10\,000}$; $1{,}555 = 1 + \frac{555}{1\,000} = 1 + \frac{111}{200} = 1\frac{111}{200}$
Man erhält folgende Werte:
$1 : 9 = 0{,}\overline{1}$; $4 : 9 = 0{,}\overline{4}$; $1 : 99 = 0{,}\overline{01}$; $52 : 99 = 0{,}\overline{52}$; $7 : 999 = 0{,}\overline{007}$;
$214 : 999 = 0{,}\overline{214}$
Damit kann man sofort periodische Brüche umwandeln, z. B.:
$0{,}\overline{32} = \frac{32}{99}$; $0{,}\overline{8} = \frac{8}{9}$; $0{,}\overline{014} = \frac{14}{999}$

84 *5. Punkt:* Auch bei z. B. $\frac{78}{102}$ und $\frac{24}{102}$ stimmt die Addition der TR-Anzeige mit der Summe 1. Die Darstellungen auf dem TR sind aber trotzdem einzeln nicht richtig, sondern gerundet.
Eine mögliche Regel ist: Nicht immer kann man der Anzeige (von Perioden) des Taschenrechners trauen (z. B. wenn er aufrundet). Wenn bei zwei Perioden aber einmal abgerundet und einmal aufgerundet wird, stimmt die Summe mit den Dezimalwerten dann doch.
Aber: Beim Beispiel $\frac{2}{3}+\frac{2}{3}+\frac{2}{3}$ erhält man mit dem TR 2 (auch mit der Eingabe über den Dezimalbruch). Wenn man aber dezimalstellenweise schriftlich addiert, erhält man 2,0000000001.

85 **2. Auftrag: Quadratische Muster**

Hier sollen erste Erfahrungen mit Problemstellungen gemacht werden, bei denen die Schüler/innen nicht in der Lage sind, eine existierende Lösung mathematisch exakt zu notieren. Als Folge der ersten Aufgabe könnte vermutet werden, dass die Lösung eventuell als ein periodischer Dezimalbruch dargestellt werden kann. Weitere selbst gewählte Beispiele und auch die Umkehraufgabe führen immer auf die gleiche Problematik.

1. Punkt: 14 cm; 14,1 cm; 14,14 cm

2. Punkt: Z. B. erhält man: 28,28 cm für 40 cm Grundseite;
7,07 cm für 10 cm Grundseite.

3. Punkt: Ungefähr 7,07 cm

3. Auftrag: Lösungen von $x^2 = a$

Hier wird das Problem der zweiten Aufgabe in innermathematischer Form gestellt. Die Möglichkeiten des GTR sollen helfen, weitere Erfahrungen mit dieser Problematik zu machen. Hinzu kommt noch die Untersuchung der Lösungsvielfalt (zwei, eine, keine Lösung).

1. Punkt: Keine Lösungen

2. Punkt: Die Lösungen sind exakt, wenn a das Quadrat eines abbrechenden Dezimalbruchs ist.

3. Punkt: Für $a > 0$ erhält man zwei Lösungen, für $a = 0$ eine Lösung und für $a < 0$ keine Lösung.

4. Punkt: Keine Lösungen

3.1 Quadratwurzeln

3.1.1 Einführung der Quadratwurzeln

86 **2.** Die Grenze von Wyoming ist ungefähr 2 000 km lang.

87 **3.**

$1^2 = 1$	$6^2 = 36$	$11^2 = 121$	$16^2 = 256$	$21^2 = 441$
$2^2 = 4$	$7^2 = 49$	$12^2 = 144$	$17^2 = 289$	$22^2 = 484$
$3^2 = 9$	$8^2 = 64$	$13^2 = 169$	$18^2 = 324$	$23^2 = 529$
$4^2 = 16$	$9^2 = 81$	$14^2 = 196$	$19^2 = 361$	$24^2 = 576$
$5^2 = 25$	$10^2 = 100$	$15^2 = 225$	$20^2 = 400$	$25^2 = 625$

4. **a)** 6 cm **b)** 12 cm **c)** 18 cm **d)** 14 cm **e)** 2,5 cm **f)** 3,5 cm **g)** 7,5 cm **h)** 2,8 cm **i)** 12,1 dm **j)** 13,5 dm

5. **a)** 7 **b)** 15 **c)** 12 **d)** 9 **e)** 0 **f)** 22 **g)** nicht definiert **h)** 17 **i)** 11 **j)** 1 **k)** nicht definiert **l)** 19 **m)** 13 **n)** 24 **o)** nicht definiert **p)** 100 **q)** 80 **r)** 120 **s)** 150 **t)** 1 000 **u)** 35

6. **a)** $\frac{1}{2}$ **b)** $\frac{1}{3}$ **c)** $\frac{4}{10} = \frac{2}{5}$ **d)** $\frac{9}{15} = \frac{3}{5}$ **e)** $\frac{9}{10}$ **f)** $\frac{5}{12}$ **g)** $\frac{13}{14}$ **h)** $\frac{7}{15}$ **i)** $\frac{19}{18}$ **j)** $\frac{6}{17}$ **k)** nicht definiert **l)** $\frac{18}{11}$ **m)** $\frac{20}{21}$ **n)** $\frac{22}{8} = \frac{11}{4}$

7. Die Quadratwurzel ist nicht negativ. Nur $\sqrt{81} = 9$ ist richtig.

8. **a)** 0,5 **b)** 0,4 **c)** 0,1 **d)** 0,3 **e)** 1,6 **f)** 2,5 **g)** nicht definiert **h)** 0,15 **i)** 0,07 **j)** 0,02 **k)** 0,24 **l)** 0,17

9. **a)** 12; 120; 1,2; 0,12 **b)** 18; 1,8; 180; 0,18
Bei einer Verschiebung des Kommas im Radikanden um 2 Stellen nach links bzw. nach rechts, verschiebt sich das Komma im Wert der Wurzel um 1 Stelle nach links bzw. nach rechts.

87

10. **a)** $\sqrt{144}$ **c)** nicht möglich **e)** $\sqrt{0,49}$

b) $\sqrt{289}$ **d)** $\sqrt{90\,000}$ **f)** $\sqrt{\frac{25}{49}}$

11. **a)** $10^3 = 1000;\ 10^5;\ 10^{13};\ 2^3 = 8;\ 2^5 = 32$

b) $\frac{1}{10^2} = \frac{1}{100};\ \frac{1}{10^3} = \frac{1}{1000};\ \frac{1}{10^7};\ \frac{1}{2^3} = \frac{1}{8};\ \frac{1}{2^8} = \frac{1}{256}$

Der Exponent wird halbiert.

12. **a)** $\sqrt{36} > \sqrt{25}$

b) (1) Vergrößert man den Flächeninhalt des Quadrates so, dass wieder ein Quadrat entsteht, so ist die Seitenlänge des neuen Quadrates größer als die des ursprünglichen Quadrates.
Entsprechendes gilt für das Verkleinern.

(2) Vergrößert man die Seitenlänge eines Quadrates so, dass wieder ein Quadrat entsteht, so ist der Flächeninhalt des neuen Quadrates größer als der des ursprünglichen Quadrates.
Entsprechendes gilt für das Verkleinern.

13. **a)** Richtig.

b) Falsch, denn $\sqrt{-1024}$ ist nicht definiert.

c) Richtig.

d) Falsch.

e) Falsch, denn die Quadratwurzel ist nicht negativ: $\sqrt{0,04} = 0,2$.

14. **a)** $\sqrt{9} = 3$ **b)** $\sqrt{4} = 2$ **c)** $\sqrt{16} = 4$ **d)** $\sqrt{36} = 6$ **e)** $\sqrt{1} = 1$

88

15. **a)** $16 = 4 \cdot 4;\quad 2^2 = \sqrt{16} = 2 \cdot 2;\quad \sqrt{4} = 2 = \sqrt{\sqrt{16}}$

b) $0,1 = \frac{1}{10} = \sqrt{\frac{1}{100}} = \frac{10}{100} = \sqrt{0,01};\quad \frac{1}{100} = 0,01 = \left(\frac{1}{10}\right)^2$

16. Länge der Quadratseite $a = \sqrt{841}$ m = 29 m;
Umfang: u = 4 · 29 m = 116 m. Man benötigt 112 m Zaun.

17. Für die Kantenlänge a, die Größe O der Oberfläche und das Volumen V gilt:
$O = 6a^2$, also $a = \sqrt{\frac{O}{6}}$; $V = a^3$

54 dm^2 : 6 = 9 dm^2, d. h. 3 dm Kantenlänge; V = 27 dm^3

[150 dm^2 : 6 = 25 dm^2, d. h. 5 dm Kantenlänge; V = 125 dm^3;
16 224 cm^2 : 6 = 2 704 cm^2, d. h. 52 cm Kantenlänge; V = 140 608 cm^3]

18. **a)** 30 **b)** 5 **c)** 7 **d)** 6 **e)** 6 **f)** 1

3.1.2 Näherungsweises Berechnen von Quadratwurzeln

89 **1.** Die Ziffern der Zahl 27,38612 sind gesichert, da laut Tabelle der Information (1) auf Seite 88 des Schülerbandes gilt:
$27{,}38612 < \sqrt{750} < 27{,}38613$

90 **2.** Für die Seitenlänge s des doppelt so großen Quadrates gilt:

$$\left(\tfrac{s}{2}\right)^2 + \left(\tfrac{s}{2}\right)^2 = 1\ \text{dm}^2$$

$$\left(\tfrac{s}{2}\right)^2 = \tfrac{1}{2}\ \text{dm}^2$$

$$s^2 = \tfrac{4}{2} = 2\ \text{dm}^2$$

$$s = \sqrt{2} \approx 1{,}41421\ \text{dm}$$

3. **a)** $3 < \sqrt{10} < 4$
b) $6 < \sqrt{40} < 7$
c) $7 < \sqrt{60} < 8$
d) $14 < \sqrt{200} < 15$
e) $10 < \sqrt{102} < 11$
f) $5 < \sqrt{29} < 6$
g) $11 < \sqrt{143} < 12$
h) $19 < \sqrt{390} < 20$

4. **a)** $4 < \sqrt{20} < 5;\quad 4{,}4^2 = 19{,}36;\quad 4{,}5^2 = 20{,}25;\quad$ also $\sqrt{20} = 4{,}4... \approx 4$
b) $7 < \sqrt{60} < 8;\quad 7{,}7^2 = 59{,}29;\quad 7{,}8^2 = 60{,}84;\quad$ also $\sqrt{60} = 7{,}7... \approx 8$
c) $8 < \sqrt{70} < 9;\quad 8{,}3^2 = 68{,}89;\quad 8{,}4^2 = 70{,}56;\quad$ also $\sqrt{70} = 8{,}3... \approx 8$
d) $8 < \sqrt{80} < 9;\quad 8{,}9^2 = 79{,}21;\quad 9^2 = 81;\quad$ also $\sqrt{80} = 8{,}9... \approx 9$
e) $10 < \sqrt{110} < 11;\quad 10{,}4^2 = 108{,}16;\quad 10{,}5^2 = 110{,}25;$
also $\sqrt{110} = 10{,}4... \approx 10$

5. $\sqrt{53} \approx 7{,}280$ $\qquad \sqrt{66{,}4} \approx 8{,}149$ $\qquad \sqrt{82\tfrac{4}{7}} \approx 9{,}087$

$\sqrt{105} \approx 10{,}247$ $\qquad \sqrt{5{,}396} \approx 2{,}323$ $\qquad \sqrt{\frac{6-\frac{1}{3}}{5}} \approx 1{,}064$

$\sqrt{363} \approx 19{,}052$ $\qquad \sqrt{\tfrac{56}{13}} \approx 2{,}075$

6. $\sqrt{2000} \approx 44{,}721359549$
Der angezeigte Wert kann nicht exakt sein, da das Quadrat der letzten Ziffer immer ungleich 0 ist und somit mindestens eine Ziffer hinterm Komma ungleich 0 ist. Das Quadrat der angezeigten Zahl kann also nicht gleich 2000 sein.

7. Die Seitenlängen eines gleich großen quadratischen Grundstücks berechnet sich wie folgt:
$s = \sqrt{35 \cdot 27}\ \text{m} = \sqrt{945}\ \text{m} \approx 30{,}74\ \text{m}.$

90

8. **a)** Es gilt $1 < \sqrt{2} < 2$, damit hat $\sqrt{2}$ Nachkommastellen mit Ziffern ungleich 0. Beim Quadrieren der letzten Ziffer entsteht eine Zahl, die nicht auf 0 endet. Somit ist mindestens eine Ziffer hinterm Komma ungleich 0 und das Quadrat der Lösung kann nicht gleich 2 sein.

b) Weil 4 eine Quadratzahl ist, $2 \cdot 2 = 4$, also $\sqrt{4} = 2$. $\sqrt{4}$ liegt damit nicht zwischen zwei natürlichen Zahlen und hat folglich keine Nachkommastellen.

9. Wenn $\sqrt{n}$ zwischen zwei natürlichen Zahlen liegt, ist die Begründung analog zu Aufgabe 8 a). Ist n eine Quadratzahl, so ist $\sqrt{n}$ eine natürliche Zahl und die Begründung analog zu Aufgabe 8 b).

10. Wäre die Wurzel aus einer Primzahl p eine natürliche Zahl n, so wäre p durch n teilbar, denn $n \cdot n = p$, und somit wäre p keine Primzahl.

11. Z. B.: $\sqrt{9{,}0000001}$: Anzeige: 3

Erklärung: Das Ergebnis ist falsch, denn $3 \cdot 3 \neq 9{,}0000001$.
Der Taschenrechner kann das Ergebnis aber nicht genau anzeigen, denn die erste von null verschiedene Ziffer hinter dem Komma wäre an einer Stelle, für die die Stellenanzahl in der Anzeige nicht ausreicht.
Es ist: $\sqrt{9{,}0000001} = 3{,}000000016...$

12. Wie in Aufgabe 11 darf sich der Unterschied erst bei den nicht mehr angezeigten Stellen auswirken.

3.1.3 Intervallhalbierungsverfahren

92

1. **a)**
$4 < \sqrt{19} < 5$
$4 < \sqrt{19} < 4{,}5$
$4{,}25 < \sqrt{19} < 4{,}5$
$4{,}25 < \sqrt{19} < 4{,}375$
$4{,}3125 < \sqrt{19} < 4{,}375$

b)
$5 < \sqrt{27} < 6$
$5 < \sqrt{27} < 5{,}5$
$5 < \sqrt{27} < 5{,}25$
$5{,}125 < \sqrt{27} < 5{,}25$
$5{,}1875 < \sqrt{27} < 5{,}27$

c)
$0 < \sqrt{0{,}7} < 1$
$0{,}5 < \sqrt{0{,}7} < 1$
$0{,}75 < \sqrt{0{,}7} < 1$
$0{,}75 < \sqrt{0{,}7} < 0{,}875$
$0{,}8125 < \sqrt{0{,}7} < 0{,}875$

d)
$7 < \sqrt{50} < 8$
$7 < \sqrt{50} < 7{,}5$
$7 < \sqrt{50} < 7{,}25$
$7 < \sqrt{50} < 7{,}125$
$7{,}0625 < \sqrt{50} < 7{,}125$

92

1. e) $2 < \sqrt{7{,}4} < 3$

$2{,}5 < \sqrt{7{,}4} < 3$

$2{,}5 < \sqrt{7{,}4} < 2{,}75$

$2{,}62 < \sqrt{7{,}4} < 2{,}75$

$2{,}6875 < \sqrt{7{,}4} < 2{,}75$

f) $10 \le \sqrt{100} \le 10$

$\sqrt{100} = 10$

3.1.4 Irrationale Wurzeln

95

2. Es ist $10 \cdot 0{,}\overline{9} = 9{,}\overline{9}$

und $1 \cdot 0{,}\overline{9} = 0{,}\overline{9}$ | −

$9 \cdot 0{,}\overline{9} = 9$

Damit ergibt sich $0{,}\overline{9} = \frac{9}{9} = 1$.

Das Ergebnis ist demnach korrekt, da $1 - 0{,}\overline{9} = 0$ ist.

3. Sei $\sqrt{10} = \frac{m}{n}$, d. h. $\sqrt{10} \cdot \sqrt{10} = \frac{m}{n} \cdot \frac{m}{n}$, also $10 \cdot n \cdot n = m \cdot m$

$m \cdot m$ enthält den Faktor 10 entweder gar nicht, oder in gerader Anzahl, d. h. $m \cdot m$ hat keine Endnullen oder eine gerade Anzahl von Endnullen. $10 \cdot n \cdot n$ enthält den Faktor 10 in jedem Fall in ungerader Anzahl, d. h. $10 \cdot n \cdot n$ hat eine ungerade Anzahl von Endnullen. Deshalb kann $10 \cdot n \cdot n$ nicht gleich $m \cdot m$ sein. Dann kann auch $\sqrt{10}$ nicht gleich $\frac{m}{n}$ sein.

4. Sei $\sqrt{8} = \frac{m}{n}$; $\frac{m}{n}$ gekürzt. Dann muss $\frac{m^2}{n^2}$ gleich 8, also eine natürliche Zahl sein. m^2 und n^2 enthalten aber keine anderen Primfaktoren als m und n, d. h. der Bruch $\frac{m^2}{n^2}$ ist nicht kürzbar und kann also keine natürliche Zahl sein. (Anmerkung: $n \neq 1$ da $2 < \sqrt{8} < 3$)
[Entsprechend verläuft der Beweis für $\sqrt{18}$ und $\sqrt{1000}$.]

5. Aus der Annahme, dass $\sqrt{25}$ eine rationale Zahl ist, lässt sich kein Widerspruch herleiten, da $\sqrt{25} = 5$ eine rationale Zahl ist (mit m = 5 und n = 1).
[Ebenso verläuft der Nachweis für $\sqrt{100} = 10$ und $\sqrt{1024} = 32$.]

6. a) $\sqrt{23} = 4{,}79583...$

[4; 5]; [4,7; 4,8]; [4,79; 4,80]; [4,795; 4,796]

b) $\sqrt{110} = 10{,}4880...$

[10; 11]; [10,4; 10,5]; [10,48; 10,49]; [10,488; 10,489]

95

6. c) $\sqrt{1,3} = 1,1401...$

[1; 2]; [1,1; 1,2]; [1,14; 1,15]; [1,140; 1,141]

d) $\sqrt{\frac{8}{3}} = 1,6329...$

[1; 2]; [1,6; 1,7]; [1,63; 1,64]; [1,632; 1,633]

e) $\sqrt{12,1} = 3,4785...$

[3; 4]; [3,4; 3,5]; [3,47; 3,48]; [3,478; 3,479]

f) $\sqrt{\frac{125}{16}} = 2,7950...$

[2; 3]; [2,7; 2,8]; [2,79; 2,80]; [2,795; 2,796]

g) $\sqrt{0,\overline{9}} = 1$

h) $\sqrt{\sqrt{10}} = 1,7782...$

[1; 2]; [1,7; 1,8]; [1,77; 1,78]; [1,778; 1,779]

7. $0,\overline{09}$; $-0,28$; $0,8\overline{63}$; $0,\overline{100}$; $-0,\overline{6}$; $0,3\overline{571428}$

8. $\frac{59}{4}$; $\frac{33}{1000}$; $-\frac{341}{20}$; $-\frac{829}{100}$

9. a) $2\frac{7}{9}$ **c)** $22\frac{16}{45}$ **e)** $\frac{119}{495}$ **g)** $0,2 = \frac{1}{5}$

b) $\frac{8}{33}$ **d)** $2\frac{7}{99}$ **f)** $19\frac{43}{225}$ **h)** $7\frac{1}{4}$

10. a) Tobias nimmt an, dass $\sqrt{2}$ nicht irrational ist, also als Bruch durch $\sqrt{2} = \frac{52\,378\,280}{37\,037\,037}$ darstellbar ist.
Quadrieren und Umstellen der Gleichung liefert
$2 \cdot 37\,037\,037^2 = 52\,378\,280^2$.
Da $7^2 = 49$ würde das Quadrieren einer Zahl mit einer 7 am Ende eine Zahl mit einer 9 am Ende liefern und da $0^2 = 0$, würde das Quadrieren einer Zahl mit einer 0 am Ende eine Zahl mit einer 0 am Ende liefern.
Wird eine Zahl mit einer 9 am Ende mit 2 multipliziert ($9 \cdot 2 = 18$), ergibt sich eine Zahl mit einer 8 am Ende.
Da die Zahl auf der linken Seite mit einer 8 endet und auf der rechten Seite mit der 0 endet, können die beiden Zahlen nicht gleich sein.
Somit ist die Annahme $\sqrt{2} = \frac{52\,378\,280}{37\,037\,037}$ falsch.

95 **10. b)** Annahme: $\sqrt{2} = \frac{m}{n}$ als ungekürzter Bruch darstellbar.

Wir kürzen vollständig: $\sqrt{2} = \frac{p}{q}$

Umformung liefert $2q^2 = p^2$, wobei p und q keine gemeinsamen Teiler haben.

Wenn $2q^2 = p^2$ ist p^2 eine gerade Zahl und damit auch p. p hat also die Endziffern 0, 2, 4, 6 oder 8. Da p und q teilerfremd sind hat **q die Endziffern 1, 3, 5, 7 oder 9**. Da 2 Teiler von p ist, ist 4 Teiler von p^2: $p^2 = 4 \cdot \tilde{p}^2$. Es gilt also $2q^2 = 4\tilde{p}^2$ oder $q^2 = 2\tilde{p}^2$. Damit ist q^2 und folglich auch q gerade. **q hat also die Endziffern 0, 2, 4, 6 oder 8**. Das ist ein Widerspruch. $\sqrt{2}$ kann also nicht als Bruch geschrieben werden.

Im Blickpunkt: Schnelle Berechnung von Wurzeln mit dem Heronverfahren

97 **1. a)** $a_2 = 5{,}477226$ **b)** $a_2 = 3{,}606061$

2. a) -

b) Startwert 2 braucht 1 Schritt mehr und Startwert 1 benötigt 2 Schritte mehr als Startwert 3 um die selbe Genauigkeit zu erreichen.

3. Wenn man in der Formel $a_1 = \frac{(a_0 + b_0)}{2}$ $b_0 = \frac{a}{a_0}$ einsetzt, erhält man:

$a_1 = \frac{1}{2}\left(a_0 + \frac{a}{a_0}\right)$. Die explizite Berechnung des zweiten Faktors wird eingespart.

4. -

5. Das Heronverfahren ist wesentlich schneller.

3.2 Reelle Zahlen

99 **2.** $\sqrt{2}$ wird in Aufgabe 1 Seite 98 konstruiert. Für $5 \cdot \sqrt{2}$ wird mithilfe des Zirkels diese Strecke dann noch viermal daran abgetragen.

Für $\frac{1}{2}\sqrt{2}$ wird mithilfe des Zirkels und des Lineals die Strecke $\sqrt{2}$ halbiert.

(Um Start- und Endpunkt der Strecke für $\sqrt{2}$ jeweils einen Kreis konstruieren, die beiden Schnittpunkte der Kreise verbinden. Die so entstandene Strecke halbiert die Strecke für $\sqrt{2}$.)

99

3. **a)** Jedes der vier rechtwinkligen zueinander kongruenten Dreiecke hat den Flächeninhalt $\frac{1}{2} \cdot 5 \cdot 5 = 12{,}5$. Der gesamte Flächeninhalt der Figur ist $4 \cdot 12{,}5 = 50$. Da es sich um ein Quadrat handelt, ist eine Seitenlänge $\sqrt{50}$.

b) $8 = 4 \cdot 2$

$\frac{1}{2} \cdot 2 \cdot 2 = 2$

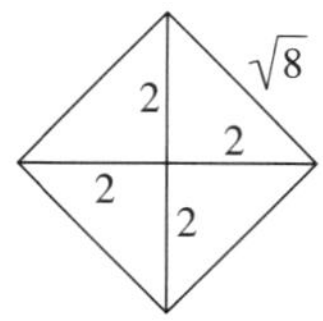

c) *Beispiele:*

$\sqrt{72}$, denn $72 = 4 \cdot 18$ und $18 = \frac{1}{2} \cdot 6 \cdot 6$ (Quadrat mit den Diagonalenlängen $2 \cdot 6 = 12$).

$\sqrt{32}$, denn $32 = 4 \cdot 8$ und $8 = \frac{1}{2} \cdot 4 \cdot 4$ (Quadrat mit den Diagonalenlängen $2 \cdot 4 = 8$).

$\sqrt{98}$, denn $98 = 4 \cdot 24{,}5$ und $24{,}5 = \frac{1}{2} \cdot 7 \cdot 7$ (Quadrat mit den Diagonalenlängen $2 \cdot 7 = 14$).

d) $14 = 4 \cdot 3{,}5$; Die Quadratwurzel aus der Maßzahl des doppelten Flächeninhalts des rechtwinkligen Dreiecks muss rational sein. Das ist hier nicht der Fall ($2 \cdot 3{,}5 = 7$).

4. (1) Der Flächeninhalt des Quadrats ist $\sqrt{A} \cdot \sqrt{A} = A$ (Definition der Wurzel).

(2) Ersichtlich hat das Quadrat mit der Seitenlänge x (Diagonalenlänge des kleinen Quadrates) einen doppelt so großen Flächeninhalt wie das kleine Quadrat.
Also: $x^2 = 2a^2$. Nach Definition der Wurzel ist dann: $x = \sqrt{2a^2}$.

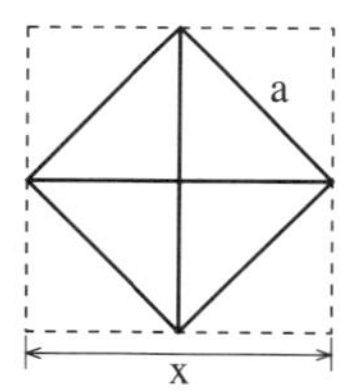

5. (1) $0{,}1223334444\overline{5}$ oder $0{,}12233344445\overline{6}$ oder $0{,}\overline{12233344445}$

Der Dezimalbruch ist periodisch und deshalb als Bruch darstellbar.

(2) 0,1223334444555556... (6 Sechsen, dann 7 Sieben, dann 8 Achten usw.)
oder 0,1223334444565565556...
0,1223334444575575557...

Die so konstruierten Dezimalbrüche sind nicht periodisch und daher irrational.

6. (1) Es folgen nur Einsen; rationale Zahl
(2) Es folgen 1 8888 1 88888 1 usw.; irrationale Zahl
(3) Es folgen 818181...; rationale Zahl
(4) Es folgen 474849410411 usw.; irrationale Zahl
(5) Es folgen 1521521521 usw.; rationale Zahl
(6) Es folgen 51525152 usw.; rationale Zahl

3.3 Zusammenhang zwischen Wurzelziehen und Quadrieren

101 **2. a)** Nur für $x \geq 1{,}5$ ist der Term $8x - 12$ nichtnegativ und der Taschenrechner kann die Wurzel berechnen.

b) (1) $D = \{x \in \mathbb{R} \mid x \geq -4\}$ (3) $D = \{0\}$

(2) $D = \mathbb{R}$ (4) $D = \{\ \}$

3. a) $2a + 1$; $D = \left\{a \in \mathbb{R} \middle| a \geq -\frac{1}{2}\right\}$ **c)** $2 \cdot |z|$; $D = \mathbb{R}$

b) $2x + 4$; $D = \left\{x \in \mathbb{R} \middle| x \geq -2\right\}$ **d)** $|a + 1|$; $D = \mathbb{R}$

4. a) $L = \{-4; 4\}$ **c)** $L = \{0\}$

b) $L = \left\{-\sqrt{5};\ \sqrt{5}\right\}$ **d)** $L = \{\ \}$

102 **5.** Ja, da es zwei mögliche Lösungen für $x^2 = a$ gibt, nämlich $\sqrt{a}$ und $-\sqrt{a}$.

6. a) 125 **e)** 325 **i)** 2 **m)** $\sqrt{2}$

b) 0,0016 **f)** 17,5 **j)** 4 **n)** $-\sqrt{3}$

c) 33 **g)** −17,5 **k)** 9 **o)** $\sqrt{3}$

d) $\frac{1}{168}$ **h)** $\frac{25}{144}$ **l)** $\sqrt{2}$

7. a) $D = \{x \mid x \geq -5\}$ **g)** $D = \{x \mid x \geq -9\}$

b) $D = \{a \mid a \geq 3\}$ **h)** $D = \{x \mid x \geq 24\}$

c) $D = \{a \mid a \leq 5\}$ **i)** $D = \left\{v \middle| v \leq \frac{7}{5}\right\}$

d) $D = \{p \mid p \geq -7)$ **j)** $D = \left\{x \middle| x \leq \frac{4}{3}\right\}$

e) $D = \{x \mid x \geq -2\}$ **k)** $D = \left\{x \middle| x \geq -\frac{2}{3}\right\}$

f) $D = \left\{x \middle| x \geq \frac{7}{5}\right\}$ **l)** $D = \{z \mid z \geq 0\}$

8. a) $D = \{x \mid |x| \geq 2\}$ **f)** $D = \{x \mid x \geq 0\}$

b) $D = \{x \mid |x| \leq 2\}$ **g)** $D = \{x \mid x \geq 9\}$

c) $D = \mathbb{R}$ **h)** $D = \{x \mid x \geq 0$ und $x \leq 9\}$

d) $D = \{x \mid x \geq -1\}$ **i)** $D = \mathbb{R}$

e) $D = \{x \mid x \geq -3\}$ **j)** $D = \{x \mid |x| \geq 2\}$

102

9.

	Definitionsmenge	Vereinfachter Term
a)	$\mathbb{R}$	$\lvert c \rvert$
b)	$\mathbb{R}$	$\lvert c \rvert$
c)	$\mathbb{R}$	$-\lvert c \rvert$
d)	$\{c \in \mathbb{R} \mid c \geq 0\}$	$-c$
e)	$\{c \in \mathbb{R} \mid c \geq 0\}$	c

	Definitionsmenge	Vereinfachter Term
f)	$\mathbb{R}$	$-c^2$
g)	$\mathbb{R}$	$3\,\lvert r \rvert$
h)	$\mathbb{R}$	$3\,\lvert r \rvert$
i)	$\mathbb{R}$	$\lvert 2 + a \rvert$
j)	$\mathbb{R}$	$\lvert 2 - a \rvert$

103

10. **a)** Falsch; gilt nur für $x \geq 0$.
b) Falsch; gilt nur für $x \leq 0$.
c) Falsch; gilt nur für $x \geq 0$.
d) Richtig.
e) Falsch; gilt nur für $x = 0$.
f) Richtig.
g) Falsch; gilt nur für $x \leq 0$.
h) Richtig.

11. **a)** $L = \{-40; 40\}$
b) $L = \{\ \}$
c) $L = \{\ \}$
d) $L = \{-14; 14\}$
e) $L = \{-\sqrt{3}; \sqrt{3}\}$
f) $L = \{-25; 25\}$
g) $L = \{-90; 90\}$
h) $L = \{-100; 100\}$
i) $L = \{-2{,}5; 2{,}5\}$
j) $L = \{-2{,}2; 2{,}2\}$
k) $L = \{\ \}$
l) $L = \{-\sqrt{2}; \sqrt{2}\}$
m) $L = \{0\}$
n) $L = \{-\frac{3}{10}; \frac{3}{10}\}$
o) $L = \{-\frac{7}{9}; \frac{7}{9}\}$

12. Robert: $L = \{-1{,}414; 1{,}414\}$
Sarah: $L = \{\ \}$
Urs: $L = \{-\sqrt{7}; \sqrt{7}\}$
Valentina: richtig
Tom: $L = \{-\sqrt{3}; \sqrt{3}\}$

13. **a)** $L = \{-3; 3\}$
b) $L = \{-3; 3\}$
c) $L = \{\ \}$
d) $L = \{-\sqrt{\sqrt{3}}; \sqrt{\sqrt{3}}\}$
e) $L = \{\ \}$
f) $L = \{-\sqrt{3}; \sqrt{3}\}$
g) $L = \{-9; 9\}$
h) $L = \{-\sqrt{27}; \sqrt{27}\}$

14. **a)** $L = \mathbb{R}$
b) $L = \{x \mid x \geq 0\}$
c) $L = \{0\}$
d) $L = \{0\}$

15. **a)** $L = \{-3; 3\}$
b) $L = \{\ \}$
c) $L = \{-5; 5\}$
d) $L = \{-3; 3\}$
e) $L = \{\ \}$
f) $L = \{\sqrt{11}\}$
g) $L = \{-2; 2\}$
h) $L = \{-3; 3\}$

16. **a)** $x^2 = 49$
b) $x^2 = 5$
c) $x^2 = 1$
d) $x^2 = \frac{9}{16}$
e) $x^2 = 1{,}44$
f) $x^2 = 0$

103 **17.** **a)** Ja, z. B. $x^2 = 1$ (alle Quadratzahlen)

b) Nein, denn für $a \in \mathbb{N}$ sind $\sqrt{a}$ und $-\sqrt{a}$ entweder ganze oder irrationale Zahlen.

c) Ja, z. B. $x^2 = 2$

d) Nein, denn die Gegenzahl einer rationalen Zahl ist auch rational.

e) Ja, $x^2 = 0$

3.4 Rechenregeln für Quadratwurzeln und ihre Anwendung

105 **2.**

	Definitionsmenge	Vereinfachter Term
a)	$\{a \in \mathbb{R} \mid a \geq 0\}$	$10\,a^2$
b)	$\{b \in \mathbb{R} \mid b > 0\}$	$\frac{b}{3}$

	Definitionsmenge	Vereinfachter Term
c)	$\{x \in \mathbb{R} \mid x > 1\}$	$2\,(x-1)$
d)	$\{b \in \mathbb{R} \mid b > 0\}$	$\frac{5}{b}$

106 **3.** **a)** $\sqrt{18} = \sqrt{9 \cdot 2} = \sqrt{9} \cdot \sqrt{2} = 3 \cdot \sqrt{2}$ $\sqrt{18} - \sqrt{2} = 3 \cdot \sqrt{2} - \sqrt{2} = 2 \cdot \sqrt{2}$

$\sqrt{18} + \sqrt{2} = 3 \cdot \sqrt{2} + \sqrt{2} = 4 \cdot \sqrt{2}$ $\sqrt{a^2 \cdot b} = \sqrt{a^2} \cdot \sqrt{b} = |a| \cdot \sqrt{b}$

b) (1) $\sqrt{a^2 b} = \sqrt{a^2}\sqrt{b} = |a|\sqrt{b}$ (3) $\sqrt{\frac{a^2}{b}} = \frac{\sqrt{a^2}}{\sqrt{b}} = \frac{|a|}{\sqrt{b}}$

(2) $\sqrt{\frac{a}{b^2}} = \frac{\sqrt{a}}{\sqrt{b^2}} = \frac{\sqrt{a}}{|b|}$

c) (1) $5\sqrt{2}$ (4) $\frac{\sqrt{a}}{3}$

(2) $\frac{\sqrt{3}}{4}$ (5) $|bc| \cdot \sqrt{ac}$ (für $ac \geq 0$)

(3) $2\sqrt{b}$ (6) $\frac{1}{2} \cdot \left|\frac{u}{w}\right| \cdot \sqrt{\frac{2v}{w}}$ (für $w \neq 0$, $\frac{v}{w} \geq 0$)

4. **a)** (1), (2), (3) Anwendung des Distributivgesetzes: Ausklammern der Wurzel

b) (1) $\sqrt{3} + \sqrt{12} = \sqrt{3} + \sqrt{4 \cdot 3} = \sqrt{3} + 2\sqrt{3} = 3\sqrt{3} = \sqrt{9 \cdot 3} = \sqrt{27}$

(2) $\sqrt{12} - \sqrt{3} = \sqrt{4 \cdot 3} - \sqrt{3} = 2\sqrt{3} - \sqrt{3} = \sqrt{3}$

(3) $|a| \cdot \sqrt{b} - \sqrt{4a^2 b} + \sqrt{a^2 b} = |a| \cdot \sqrt{b} - 2 \cdot |a| \cdot \sqrt{b} + |a| \cdot \sqrt{b} = 0$

5. $\sqrt{a} \cdot \sqrt{b} = \sqrt{a \cdot b}$: $\sqrt{7} \cdot \sqrt{5} = \sqrt{7 \cdot 5} = \sqrt{35}$

$\sqrt{2} \cdot \sqrt{5} = \sqrt{2 \cdot 5} = \sqrt{10}$

$\frac{\sqrt{a}}{\sqrt{b}} = \sqrt{\frac{a}{b}}$: $\frac{\sqrt{6}}{\sqrt{3}} = \sqrt{\frac{6}{3}} = \sqrt{2}$

106

6. **a)** 12 **b)** 8 **c)** 30 **d)** 10 **e)** 13 **f)** 40 **g)** 1,2 **h)** 4 **i)** 8

7. **a)** 15 **b)** 24 **c)** 120 **d)** 156 **e)** 2,8 **f)** 9,9 **g)** 84 **h)** 8 **i)** 54

107

8. **a)** 26 **b)** 36 **c)** 39 **d)** 78 **e)** 33 **f)** 42 **g)** 45 **h)** 28

9. **a)** 2 **b)** 5 **c)** 6 **d)** 7 **e)** 4 **f)** 5 **g)** 2 **h)** 12 **i)** 3

10. **a)** $\frac{7}{3}$ **b)** $\frac{25}{2}$ **c)** $\frac{5}{2}$ **d)** $\frac{1,2}{5} = 0,24$ **e)** $\frac{5}{7}$ **f)** $\frac{2,5}{1,5} = \frac{5}{3}$ **g)** $\frac{1,3}{1,6} = \frac{13}{16}$ **h)** $\frac{5}{7}$

11. **a)** y (für $y \geq 0$)
b) y^2 (für $y \geq 0$)
c) x |y| (für $x \geq 0$)
d) 10y (für $y \geq 0$)
e) 3 |a| b (für $b \geq 0$)
f) 12z (für $z \geq 0$)
g) 0,1 u (für $u \geq 0$)
h) 0,6 |x|

12. **a)** x (für $x > 0$)
b) |x| (für $y > 0$)
c) $\frac{1}{|b|}$ (für $a > 0$, $b \neq 0$)
d) $\frac{\sqrt{v}}{u}$ (für $u > 0$, $v \geq 0$)

13. **a)** 3 |x| **b)** |xy| **c)** $6a^2$ **d)** 9 |m · n| **e)** |pqr| **f)** $3m^2n^2$ **g)** $1,4 \cdot |x| \cdot y^2$ **h)** $5|u| \cdot v^2 \cdot |w^3|$

14. Damit die Terme definiert sind, müssen a, b nichtnegative Zahlen sein; in (1) muss zusätzlich $a \geq b$ gelten. (1) gilt nur falls $b = 0$; a ist dann beliebig ($a \geq 0$) oder falls $a = b$ ist.
(2) gilt nur falls $a = 0$ und $b \geq 0$ oder falls $b = 0$ und $a \geq 0$

15. **a)** $2\sqrt{3}$ **b)** $4\sqrt{2}$ **c)** $6\sqrt{2}$ **d)** $6\sqrt{5}$ **e)** $5\sqrt{5}$ **f)** $8\sqrt{3}$ **g)** $6\sqrt{10}$ **h)** $5\sqrt{21}$ **i)** $12\sqrt{5}$ **j)** $14\sqrt{5}$ **k)** $11\sqrt{11}$ **l)** $\frac{\sqrt{3}}{4}$ **m)** $\frac{\sqrt{7}}{5}$ **n)** $\frac{\sqrt{3}}{20}$

107

16. **a)** $|a| \cdot \sqrt{7}$

b) $|b| \cdot \sqrt{2}$

c) $2\sqrt{x}$ (für $x \geq 0$)

d) $2\sqrt{3} \cdot |c|$

e) $|x| \cdot \sqrt{y}$ (für $y \geq 0$)

f) $|d|\sqrt{c}$ (für $c \geq 0$)

g) $z^2\sqrt{z}$ (für $z \geq 0$)

h) $5x\sqrt{x}$ (für $x \geq 0$)

i) $3 \cdot |b| \cdot \sqrt{2a}$ (für $a \geq 0$)

j) $|a| \cdot b^2 \cdot \sqrt{3}$

k) $a \cdot |b| \cdot \sqrt{10a}$ (für $a \geq 0$)

l) $0{,}9 \cdot |z| \cdot \sqrt{xz}$ ($x \cdot z \geq 0$)

m) $\frac{\sqrt{30}}{|a|}$ (für $a \neq 0$)

n) $\frac{\sqrt{a}}{7}$ (für $a \geq 0$)

o) $\left|\frac{a}{b}\right| \cdot \sqrt{2}$ (für $b \neq 0$)

p) $\frac{\sqrt{a}}{b^2}$ (für $a \geq 0$, $b \neq 0$)

q) $\frac{a\sqrt{a}}{b^2}$ (für $a \geq 0$, $b \neq 0$)

r) $\frac{2r^2}{|s|}\sqrt{\frac{2}{5}}$ (für $s \neq 0$)

17. -

18. **a)** $\sqrt{68}$ **b)** $\sqrt{490}$ **c)** $\sqrt{7}$ **d)** $\sqrt{\frac{99}{16}}$ **e)** $\sqrt{\frac{11}{6}}$ **f)** $\sqrt{13}$ **g)** $\sqrt{1733}$ **h)** $\sqrt{\frac{1}{8}}$

19. **a)** $\sqrt{a^2b}$ (für $b \geq 0$)

b) $\sqrt{4c^2d^2}$

c) $\sqrt{u^3v}$ (für $v \neq 0$, $\frac{u}{v} \geq 0$)

d) $\sqrt{a^3bc}$ (für $b \neq 0$, $c \neq 0$, $\frac{a}{bc} \geq 0$)

e) $\sqrt{x^5y}$ (für $y \neq 0$, $\frac{x}{y} \geq 0$)

f) $\sqrt{\frac{p}{q}}$ (für $q, p \neq 0$, $\frac{q}{p} \geq 0$)

108

20. **a)** $\sqrt{0{,}09} = 0{,}3$ $\quad$ $\sqrt{0{,}9} \approx 0{,}9486833$

$\sqrt{9} = 3$ $\quad$ $\sqrt{90} \approx 9{,}486833$

$\sqrt{900} = 30$ $\quad$ $\sqrt{9000} \approx 94{,}86833$

$\sqrt{90\,000} = 300$

Verhundertfacht sich der Radikand, so verzehnfacht sich das Ergebnis.

b) $\sqrt{a \cdot 100} = \sqrt{a} \cdot \sqrt{100} = \sqrt{a} \cdot 10$ $\quad$ $\sqrt{a : 100} = \sqrt{a} : \sqrt{100} = \sqrt{a} : 10$

c) Verschiebt man das Komma im Radikanden um 2 Stellen nach rechts [links], so verschiebt es sich im Wert der Wurzel das Komma um 1 Stelle nach rechts [links].

21. **a)** 250 **b)** 900 **c)** 7 000 **d)** 220 **e)** 0,05 **f)** 0,11 **g)** 0,006 **h)** 0,025 **i)** 0,002

22. **a)** 1,23 **b)** 24,6 **c)** 990 **d)** 0,55 **e)** 14,142 **f)** 0,1732

108

23. **a)** falsch
b) falsch; $\sqrt{p^2 \cdot q^2} = |pq|$
c) richtig
d) falsch

24. **a)** $11\sqrt{5}$
b) $-4\sqrt{7}$
c) $5\sqrt{5}$
d) $2{,}1\sqrt{6}$
e) $\frac{5}{4}\sqrt{7}$
f) $-\frac{1}{24}\sqrt{2}$
g) $7\sqrt{3}$
h) $5\sqrt{10}$
i) $11{,}5\sqrt{2} - 13{,}5\sqrt{3}$

25. **a)** $5\sqrt{2}$
b) $2\sqrt{3}$
c) $\sqrt{5}$
d) $-\sqrt{2}$
e) $8\sqrt{3}$
f) $-2\sqrt{5}$
g) $37\sqrt{3}$
h) $12\sqrt{7}$
i) $-15\sqrt{11}$

26. **a)** Richtig, denn $\sqrt{27} = 3\sqrt{3}$, $\sqrt{48} = 4\sqrt{3}$.
b) Richtig, denn $\sqrt{50} = 5\sqrt{2}$, $\sqrt{32} = 4\sqrt{2}$.
c) Richtig, denn $\sqrt{20} = 2\sqrt{5}$, $\sqrt{45} = 3\sqrt{5}$.
d) Richtig, denn $\sqrt{28} = 2\sqrt{7}$.
e) Richtig, denn $\sqrt{28} = 2\sqrt{7}$, $\sqrt{63} = 3\sqrt{7}$, $5\sqrt{7} = \sqrt{175}$.
f) Richtig, denn $\sqrt{147} = 7\sqrt{3}$, $\sqrt{75} = 5\sqrt{3}$, $\sqrt{12} = 2\sqrt{3}$.
g) Falsch, denn $\sqrt{18} = 3\sqrt{2}$, richtiges Ergebnis: $-2\sqrt{2}$.
h) Richtig, denn $\sqrt{27} = 3\sqrt{3}$.
i) Richtig, denn $\sqrt{2} = \sqrt{4 \cdot 0{,}5} = 2\sqrt{0{,}5}$.

27. **a)** $3\sqrt{2}$
b) $2\sqrt{3}$
c) $10\sqrt{3}$
d) $-17\sqrt{7}$
e) $20\sqrt{3} - 20\sqrt{2} + 20$
f) $-18\sqrt{5}$

28. Einschränkende Bedingung ist hier: Alle Radikanden sind nichtnegativ.
a) $11\sqrt{x}$
b) $-2\sqrt{a}$
c) $2\sqrt{b}$
d) $2{,}2\sqrt{z}$
e) $6\sqrt{a}$
f) $-\sqrt{x}$
g) $-\sqrt{y}$
h) $9\sqrt{r} - 3\sqrt{s}$
i) $6\sqrt{a} + 4\sqrt{b}$

3.5 Umformen von Wurzeltermen

110

1. **a)** $\sqrt{7} + 7$
b) $9\sqrt{5} + 30$
c) -24
d) $12 + 0{,}5\sqrt{6}$
e) $22 - 3\sqrt{11}$
f) $-\sqrt{35} - 7$
g) $5 + \sqrt{10}$
h) $\sqrt{10} - 15$
i) $5\sqrt{5} + 7\sqrt{7}$

110

2. **a)** $(a-b)\sqrt{5}$

b) $(x+y)\sqrt{7}$

c) $(a+2)\sqrt{b}$ (für $b \geq 0$)

d) $(x-y)\sqrt{z}$ (für $z \geq 0$)

e) $\left(5-a^2\right)\sqrt{a}$ (für $a \geq 0$)

f) $(3-a)x\sqrt{x}$ (für $x \geq 0$)

g) $(1-2x)x\sqrt{7x}$ (für $x \geq 0$)

h) $(|b|-|a|)\sqrt{ab}$ (für $ab \geq 0$)

i) $\left(\sqrt{7}+2\right)\sqrt{a}$ (für $a \geq 0$)

j) $\left(1+\sqrt{s}\right)\sqrt{r}$ (für $r \geq 0$, $s \geq 0$)

k) $(|b|-|c|)\sqrt{a}$ (für $a \geq 0$)

l) $\left(\sqrt{y}+\sqrt{x}\right)\sqrt{7xy}$ (für $x \geq 0$, $y \geq 0$)

3. **a)** $4x\sqrt{5}-12\sqrt{x}$ (für $x \geq 0$)

b) $-a\sqrt{b}+b\sqrt{a}$ (für $a, b \geq 0$)

c) $2\sqrt{y}$ (für $y \geq 0$)

d) $\sqrt{uv}\cdot(|v|\cdot w-|u|\cdot v+u)$ (für $uv \geq 0$)

e) $\sqrt{uv}\cdot\left(|u|\cdot\sqrt{w}-|v|-|w|\cdot\sqrt{w}\right)$ (für $uvw \geq 0$, $w \geq 0$)

f) $c^2\sqrt{c}(a+b+1)$ (für $c \geq 0$)

4. Sei x die gedachte Zahl. Dann lässt Frau Lindemann folgenden Term berechnen:

$$\left(\sqrt{x}-\frac{1}{\sqrt{x}}\right)\cdot\sqrt{x} = x-1$$

Sie muss demnach zum errechneten Ergebnis nur 1 addieren und erhält die gedachte Zahl.

5. Einschränkende Bedingung ist bei allen Teilaufgaben:
Die Variablen stehen für nichtnegative Zahlen.

a) $11c$ **c)** $x+x^2+x^3$ **e)** $x\sqrt{yz}+x\sqrt{y}$

b) $9a+9\sqrt{a}$ **d)** $u\sqrt{v}-v\sqrt{u}$ **f)** $24a-35b-41\sqrt{ab}$

6. **a)** $\sqrt{b}+\sqrt{c}$ (für $b \geq 0$, $c \geq 0$)

b) $|b|\cdot\sqrt{ab}-|a|\cdot\sqrt{ab}+b^2\sqrt{ab}-a^2-\sqrt{ab} = \left(|b|-|a|+b^2-a^2\right)\sqrt{ab}$

(für $a \cdot b \geq 0$)

c) $\sqrt{x}+x+x\sqrt{x}+x^2+x^2\sqrt{x}+x^3 = x+x^2+x^3+\left(1+x+x^2\right)\sqrt{x}$

(für $x \geq 0$)

d) $v-u$ (für $u \geq 0$, $v \geq 0$)

e) 0 (für $a \geq 0$, $b \geq 0$, $c \geq 0$)

f) $b\sqrt{ab}+a\sqrt{ab} = (a+b)\sqrt{ab}$ (für $a \geq 0$, $b \geq 0$)

110

7. **a)** $12\sqrt{a}$ (für $a \geq 0$)
b) $-\sqrt{z-1}$ (für $z \geq 0$)
c) $\left(a^2+ab+ac\right)\sqrt{c} = (a+b+c)a\sqrt{c}$ (für $c \geq 0$)
d) $\left(a^2-1\right)\sqrt{b}$ (für $b \geq 0$)
e) $v\sqrt{7}+7$
f) $r\sqrt{s}-s\sqrt{r}$ (für $r \geq 0$, $s \geq 0$)
g) $\sqrt{6q}+2q$ (für $q \geq 0$)
h) $u\sqrt{v}+u\sqrt{w} = u\left(\sqrt{v}+\sqrt{w}\right)$ (für $u \geq 0$, $v \geq 0$, $w \geq 0$)
i) x^2+x (für $c \geq 0$)

8. **a)** 12 **b)** 1 **c)** 165 **d)** 45 **e)** 6 **f)** 98

9. **a)** 12 **b)** –6 **c)** 4

111

10. **a)** $a+b-2\sqrt{ab}$ (für $a \geq 0$, $b \geq 0$)
b) $2h+2\sqrt{h^2-1}$ (für $h \geq 1$)
c) v^2-w (für $w \geq 0$)
d) $2a+2\sqrt{a^2-b^2}$ (für $a \geq |b|$)

11. **a)** $9+\frac{t}{4}+3\sqrt{t}$ (für $t \geq 0$)
b) $r+\frac{1}{r}-2$ (für $r > 0$)
c) $\frac{a^2}{b}+\frac{b^2}{a}+2\sqrt{ab}$ (für $a, b > 0$)
d) $s+\frac{1}{s}-2$ (für $s > 0$)

12. **a)** 2 (für $p \geq 0$)
b) $\sqrt{a}-\sqrt{b}$ (für $a, b \geq 0$)

13. **a)** $|1+a|$
b) $|x+7|$
c) $|2t+r|$
d) u^2+2
e) $\sqrt{v}+\sqrt{w}$ (für $v, w \geq 0$)
f) $|e-3c|$
g) $\sqrt{xz}\cdot|x+z|$ (für $z \geq 0$, $x \geq 0$)
h) $\sqrt{a}\cdot|a-b|$ (für $a \geq 0$)

14. **a)** Falsch, richtig ist: $p+q+2\sqrt{pq}$.
b) Falsch, richtig ist: $r-2\sqrt{rs}+s$.
c) Falsch, richtig ist: $\sqrt{(1+r)^2} = |1+r|$

15. **a)** $2\sqrt{5} \approx 4{,}4$
b) $\frac{1}{4}\left(3-\sqrt{5}\right) \approx 0{,}2$
c) $\frac{\sqrt{5}-\sqrt{3}}{2} \approx 0{,}25$
d) $\frac{3+\sqrt{5}}{2} \approx 2{,}6$
e) $\frac{\sqrt{5}+\sqrt{3}}{2} \approx 1{,}95$
f) $-\sqrt{5}-\sqrt{3} \approx -3{,}9$

Der umgeformte Term ist einfacher zu berechnen, da die Division leichter auszuführen ist.

111 **16.** **a)** $\frac{7}{30}\sqrt{30}$
b) $\frac{\sqrt{6}}{18}$
c) $\frac{\sqrt{5}}{5}$
d) $\frac{\sqrt{5}}{10}+1$
e) $\sqrt{5}-\sqrt{10}$
f) $\frac{3-\sqrt{5}}{2}$
g) $\frac{3\sqrt{5}-5}{4}$
h) $\frac{7+3\sqrt{5}}{2}$
i) $\frac{6\left(\sqrt{7}-\sqrt{2}\right)}{5}$
j) $\frac{7+\sqrt{14}}{5}$
k) $\frac{9-2\sqrt{14}}{5}$
l) $3\cdot\left(\sqrt{6}+\sqrt{5}\right)$

17. **a)** $\sqrt{a}$ (für $a > 0$)
b) $a\sqrt{a}$ (für $a > 0$)
c) $a^2\sqrt{a}$ (für $a > 0$)
d) $\sqrt{a}-\sqrt{b}$ (für $a > 0,\ b > 0$)
e) $a\sqrt{a}-b\sqrt{b}$ (für $a > 0,\ b > 0$)
f) $a^2\sqrt{a}-b^2\sqrt{b}$ (für $a > 0,\ b > 0$)
g) $\frac{a+\sqrt{b}}{a^2-b}$ (für $b \geq 0,\ b \neq a^2$)
h) $\frac{\sqrt{a}+b}{a-b^2}$ (für $a \geq 0,\ a \neq b^2$)
i) $\frac{a-2\sqrt{ab}+b}{a-b}$ (für $a \geq 0,\ b \geq 0,\ a \neq b$)
j) $\frac{a+2\sqrt{ab}+b}{a-b}$ (für $a \geq 0,\ b \geq 0,\ a \neq b$)
k) $\sqrt{a}+\sqrt{b}$ (für $a \geq 0,\ b \geq 0,\ a \neq b$)
l) $\sqrt{a}-\sqrt{b}$ (für $a \geq 0,\ b \geq 0,\ a + b > 0$)
m) $\frac{9a+30\sqrt{ab}+25b}{9a-25b}$ (für $a \geq 0,\ b \geq 0,\ b \neq \frac{9}{25}a$)
n) $\frac{a\left(3+\sqrt{a}\right)\sqrt{3-\sqrt{a}}}{9-a}$ (für $a \geq 0,\ a \neq 9$)
o) $\frac{\left(a+\sqrt{ab}\right)\sqrt{\sqrt{a}-\sqrt{b}}}{a-b}$ (für $a \geq 0,\ b \geq 0,\ a > b$)

18. Für $a = 456{,}78$; $b = 456{,}77$ liefert der Taschenrechner (z. B. der TI 30)
$\frac{1}{\sqrt{a}-\sqrt{b}} = 4\,274{,}4542$; $\frac{\sqrt{a}+\sqrt{b}}{a-b} = 4\,274{,}4590$.
Der umgeformte Term ist hier günstiger, weil bei der Division durch $a - b = 0{,}01$ kein Fehler entsteht. Der genaue Wert liegt mit Sicherheit zwischen 4 274,4589 und 4 274,4591. Dagegen kann beim Dividieren durch die kleinere und gerundete Zahl $\sqrt{a}-\sqrt{b} = 0{,}0002339$ ein größerer Fehler entstehen.

19. **a)** $\sqrt{3-2\sqrt{2}} = \sqrt{\left(\sqrt{2}-1\right)^2} = \left|\sqrt{2}-1\right| = \sqrt{2}-1$

b) $\sqrt{7+4\sqrt{3}} = \sqrt{\left(2+\sqrt{3}\right)^2} = \left|2+\sqrt{3}\right| = 2+\sqrt{3}$

111 **19.** **c)** $\sqrt{5+2\sqrt{6}} = \sqrt{\left(\sqrt{2}+\sqrt{3}\right)^2} = \left|\sqrt{2}+\sqrt{3}\right| = \sqrt{2}+\sqrt{3}$

20. $\sqrt{r}\cdot\sqrt{s} = \sqrt{r\cdot s}$ (für $r \geq 0, s \geq 0$)

$\sqrt{r}\cdot\left(\sqrt{r}+\sqrt{s}\right) = r+\sqrt{rs}$ (für $r \geq 0, s \geq 0$)

$\sqrt{r}\cdot\frac{1}{\sqrt{s}} = \sqrt{\frac{r}{s}}$ (für $r \geq 0, s > 0$)

$\frac{1}{\sqrt{r}}\cdot\sqrt{s} = \sqrt{\frac{s}{r}}$ (für $r > 0, s \geq 0$)

$\frac{1}{\sqrt{r}}\cdot\left(\sqrt{r}+\sqrt{s}\right) = 1+\sqrt{\frac{s}{r}}$ (für $r > 0, s \geq 0$)

$\frac{1}{\sqrt{r}}\cdot\left(\frac{1}{\sqrt{s}}\right) = \frac{1}{\sqrt{r\cdot s}}$ (für $r > 0, s > 0$)

$\left(\sqrt{r}-\sqrt{s}\right)\cdot\sqrt{s} = \sqrt{rs}-s$ (für $r \geq 0, s \geq 0$)

$\left(\sqrt{r}-\sqrt{s}\right)\cdot\left(\sqrt{r}+\sqrt{s}\right) = r-s$ (für $r \geq 0, s \geq 0$)

$\left(\sqrt{r}-\sqrt{s}\right)\cdot\left(\frac{1}{\sqrt{s}}\right) = \sqrt{\frac{r}{s}}-1$ (für $r \geq 0, s > 0$)

3.6 Überblick über die reellen Zahlen

3.6.1 Rechnen mit reellen Zahlen

113 **2.** $(7+x)\cdot\sqrt{8}-\sqrt{8}x = 7\sqrt{8}+x\sqrt{8}-\sqrt{8}x = 7\sqrt{4\cdot 2} = 14\sqrt{2}$
(Distributivgesetz, teilweises Wurzelziehen)

3. **a)** $3\cdot\sqrt{5}$ **b)** $-7\cdot\sqrt{11}$ **c)** $-3\cdot\sqrt{5}$ **d)** 2ab **e)** $-\sqrt{14}$ **f)** $4z-12$

4. **a)** –2,5 **b)** 0,919782268... **c)** 3,662166216

5. **a)** Man darf auf beiden Seiten einer Gleichung die gleiche Zahl addieren und subtrahieren, mit der gleichen Zahl ($\neq 0$) multiplizieren, durch die gleiche Zahl ($\neq 0$) dividieren, ohne dass die Lösung sich ändert.

b) (1) $\sqrt{7}+6x = \sqrt{10} \quad | -\sqrt{7}$

$6x = \sqrt{10}-\sqrt{7} \quad | : 6$

$x = \frac{\sqrt{10}-\sqrt{7}}{6}$

(2) $\sqrt{20}\cdot x-4 = -\sqrt{6} \quad | +4$

$\sqrt{20}\cdot x = 4-\sqrt{6} \quad | : \sqrt{20}$

$x = \frac{4-\sqrt{6}}{\sqrt{20}}$

113 **5. b)** (3) $\sqrt{45} - \sqrt{5} \cdot x = 0 \quad | +\sqrt{5} \cdot x$

$$\sqrt{45} = \sqrt{5} \cdot x \quad | : \sqrt{5}$$

$$\frac{\sqrt{45}}{\sqrt{5}} = x$$

$$3 = x$$

(4) $x - 0{,}202002000... = 10 \quad | + 0{,}20...$

$$x = 10{,}202002000...$$

3.6.2 Vergleich der Zahlbereiche $\mathbb{N}, \mathbb{Q}_+, \mathbb{Q}$ und $\mathbb{R}$

114 **1.**

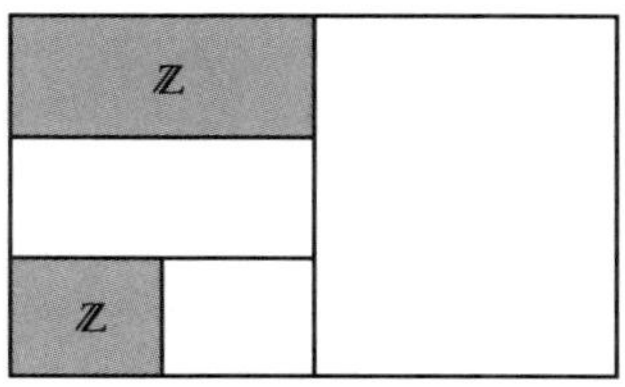

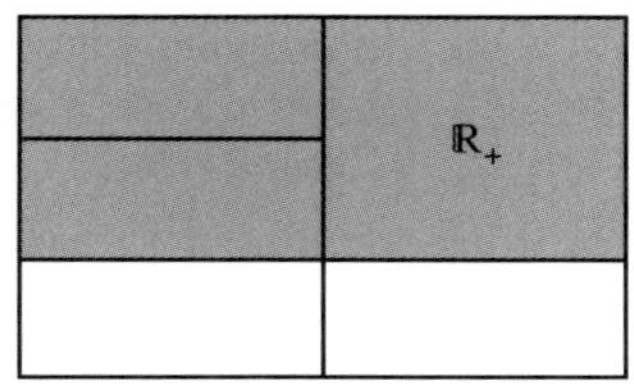

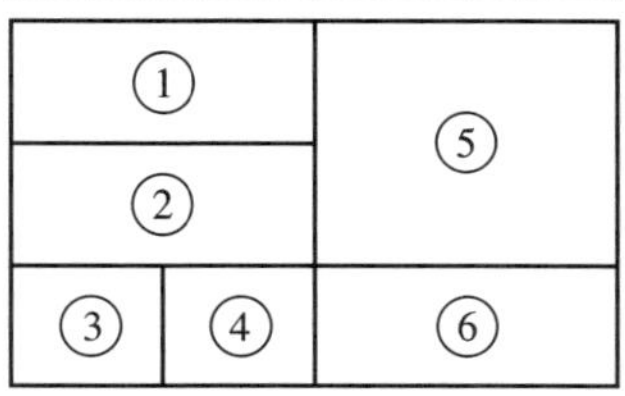

Gebiet 1:
natürliche Zahlen, z. B. 1, 2, 10

Gebiet 2:
nicht negative rationale Zahlen, die sich nicht als natürliche Zahlen schreiben lassen, z. B. $\frac{1}{2}$; $\frac{7}{3}$; $\frac{8}{5}$

Gebiet 3:
negative ganze Zahlen; z. B. –2; –3; –10

Gebiet 4:
negative rationale Zahlen, die sich nicht als ganze Zahlen schreiben lassen, z. B. $-\frac{1}{2}$; $-\frac{7}{3}$; $-\frac{8}{5}$

Gebiet 5:
positive irrationale Zahlen, z. B. $\sqrt{2}$, $\sqrt{3}$, $\sqrt{10}$

Gebiet 6:
negative irrationale Zahlen, z. B. $-\sqrt{2}$, $-\sqrt{3}$, $-\sqrt{10}$

2. a) c = 0 folgt sofort

c > 0:

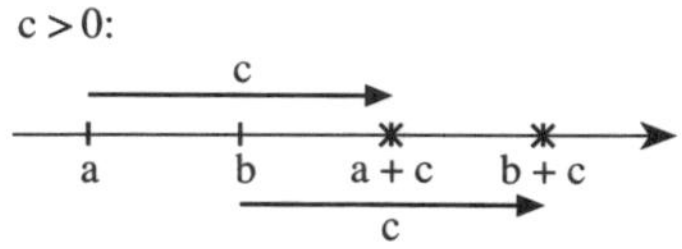

c < 0:

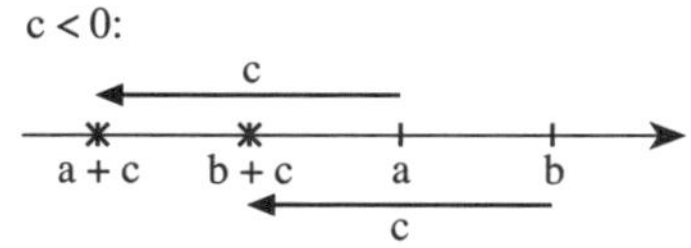

114

2. b)

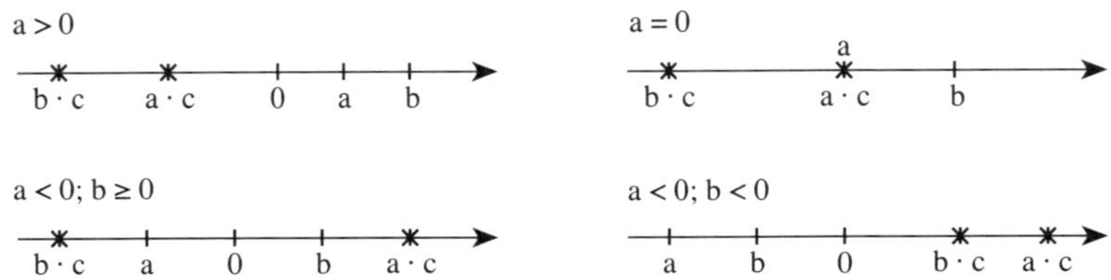

3. a) 3,5253

b) Ja. Man bilde die Differenz der ersten i Dezimalstellen beider Zahlen. i muss so gewählt werden, dass diese Differenz d größer null ist. Da beide Zahlen verschieden seien sollen, ist ihre Differenz größer null und es muss folglich ein solches i geben. Man teile die Differenz durch 2 und addiere das Ergebnis zu der Zahl, die entsteht, wenn man von der kleineren Zahl nur die ersten i Ziffern nimmt. Es entsteht eine rationale Zahl, die zwischen den beiden reellen Zahlen liegt. Teilt man die Differenz d statt durch 2 durch $\sqrt{2}$ und addiert das Ergebnis zu den ersten i Ziffern der kleineren Zahl, erhält man eine irrationale Zahl, die zwischen beiden reellen Zahlen liegt.

4. a) Wäre $\sqrt{\sqrt{2}}$ rational, dann müsste $\sqrt{\sqrt{2}} = \frac{m}{n}$ mit $m \in \mathbb{N}$ und $n \in \mathbb{N}$ gelten. Also wäre $\sqrt{2} = \frac{m^2}{n^2}$ eine rationale Zahl. Das ist falsch. Daher ist die Annahme falsch und $\sqrt{\sqrt{2}}$ muss irrational sein.

b) Wäre $\sqrt{a}$ rational, dann müsste $\sqrt{a} = \frac{m}{n}$ mit $m \in \mathbb{N}$ und $n \in \mathbb{N}$ gelten. Also wäre $a = \frac{m^2}{n^2}$ eine rationale Zahl. Das ist falsch. Daher ist die Annahme falsch und $\sqrt{a}$ muss irrational sein.

5. a) Wäre a + b eine rationale Zahl q, dann wäre auch die Differenz q – b rational als Differenz zweier Brüche. Diese Differenz ist aber auch die Zahl a, die aber irrational sein sollte.
Also kann a + b keine rationale Zahl sein.

b) (1) Diese Aussage ist falsch; setze z. B. $a = \sqrt{2}$ und $b = -\sqrt{2}$. Oder setze wie in (2) a = 0,121221222... und b = 0,878778777...

(2) Diese Aussage ist falsch; setze z. B.
a = 0,121221222... und b = 0,878778777...
a + b ist rational (nämlich 1); a und b sind aber beide irrationale.
Oder setze wie in (1) $a = \sqrt{2}$; $b = -\sqrt{2}$.

(3) Diese Aussage ist wahr.

6. Sei a > 0 eine irrationale Zahl und der Kehrwert $\frac{1}{a}$ eine rationale Zahl. Dann müsste $\frac{1}{a} = \frac{m}{n}$ mit $m \in \mathbb{N}$ und $n \in \mathbb{N}$ gelten. Dann wäre $a = \frac{n}{m}$ eine rationale Zahl. Das ist aber falsch. Daher ist die Annahme falsch und $\frac{1}{a}$ muss irrational sein. Für a < 0 geht der Beweis analog.

3.7 Wurzelgleichungen

116

1. $L = \{2\}$

2. a) $L = \{2\}$ c) $L = \{\ \}$ e) $L = \{\sqrt{3}\}$
 b) $L = \{-3; 3\}$ d) $L = \{1\}$ f) $L = \{0\}$

3. Jan: Fehler in der 1. Umformung.
Aus einer Summe (Differenz) kann keine Wurzel gezogen werden.
Richtig wäre als 2. Zeile: $\sqrt{4z-4} = -4$
Nora: Fehler in der 1. Umformung.
Vor dem Quadrieren muss die 4 auf die andere Seite des Gleichheitszeichens gebracht werden.
Richtig wäre als 2. Zeile: $4z - 4 - 16 = 0$
Marc: Fehler in der 1. Umformung.
Der Term $-2\sqrt{x+1} \cdot \sqrt{x-2}$ fehlt auf der linken Seite.
Richtig wäre als 2. Zeile: $(x+1) - 2\sqrt{x+1} \cdot \sqrt{x-2} + x - 2 = 1$

4. a) $L = \{10\}$ b) $L = \{7\}$ c) $L = \{0\}$

3.8 Aufgaben zur Vertiefung

117

1. a) Aus $a \geq 0$ folgt $\sqrt{a^2} = |a| = a$.
 (1) $\sqrt{a^3} = \sqrt{a^2} \cdot \sqrt{a} = a \cdot \sqrt{a}$
 (2) $\sqrt{a^5} = \sqrt{a^2} \cdot \sqrt{a^2} \cdot \sqrt{a} = a^2 \cdot \sqrt{a}$
 (3) $\sqrt{a^7} = \sqrt{a^2} \cdot \sqrt{a^2} \cdot \sqrt{a^2} \cdot \sqrt{a} = a^3 \cdot \sqrt{a}$
 b) (1) $\sqrt{a^4} = \sqrt{a^2} \cdot \sqrt{a^2} = |a| \cdot |a| = a^2$
 (2) $\sqrt{a^6} = \sqrt{a^2} \cdot \sqrt{a^2} \cdot \sqrt{a^2} = |a| \cdot |a| \cdot |a| = |a| \cdot a^2$
 (3) $\sqrt{a^8} = \sqrt{a^2} \cdot \sqrt{a^2} \cdot \sqrt{a^2} \cdot \sqrt{a^2} = |a| \cdot |a| \cdot |a| \cdot |a| = a^4$

2. a) Z. B.: $\sqrt{13+1} \cdot \sqrt{13-1} = 12{,}961481 \approx 13$;
 $\sqrt{97+2} \cdot \sqrt{97-2} = 96{,}979379 \approx 97$;
 Beweis: $\sqrt{a+b} \cdot \sqrt{a-b} = \sqrt{(a+b)(a-b)}$
 $= \sqrt{a^2 - b^2}$
 $\approx \sqrt{a^2}$ (wenn b kleiner gegenüber a)
 $= a$ (da $a > b > 0$, also $a > 0$)
 b) (1) 80 (2) 20,5 (3) 2 (4) 255

117

3. $\frac{1}{\sqrt{101}-\sqrt{99}} = \frac{\sqrt{101}+\sqrt{99}}{2}$ (da der Term größer 0)

$= \sqrt{\left(\frac{\sqrt{101}+\sqrt{99}}{2}\right)\cdot\left(\frac{\sqrt{101}+\sqrt{99}}{2}\right)}$

$= \sqrt{\frac{101+2\sqrt{99}\sqrt{101}+99}{4}}$

$\approx \sqrt{\frac{101+2\cdot 100+99}{4}}$ da $\sqrt{99}\cdot\sqrt{101} \approx 100$

$\approx \sqrt{100} = 10$

a) 8 **b)** 6 **c)** 5 **d)** 4 **e)** 3

4. (1) $\frac{20-\sqrt{96}}{\sqrt{8}} = \frac{\sqrt{400}-\sqrt{96}}{\sqrt{8}} = \sqrt{50}-\sqrt{12}$

(2) $\frac{100}{4+\sqrt{7}} = \frac{100(4-\sqrt{7})}{16-7} = \frac{400-100\sqrt{7}}{9} = 44\tfrac{4}{9} - 11\tfrac{1}{9}\cdot\sqrt{7}$

5. $a > 1$ (und damit $\sqrt{a}-1 > 0$ und $(a-1) > 0$)

$\frac{1}{\sqrt{a}-1} - \frac{\sqrt{a}}{a-1} = \frac{\sqrt{a}+1}{a-1} - \frac{\sqrt{a}}{a-1}$

$= \frac{\sqrt{a}+1-\sqrt{a}}{a-1}$

$= \frac{1}{a-1}$

$\left[\frac{1}{\sqrt{a}+1} - \frac{\sqrt{a}}{a-1} = \frac{\sqrt{a}-1}{a-1} - \frac{\sqrt{a}}{a-1} = \frac{-1}{a-1} = \frac{1}{1-a}\right]$

6. **a)** a und b liegen auf der Zahlengeraden auf jeden Fall in den angegebenen Intervallen.

b) Die Summe a + b ist auf jeden Fall größer als die Summe der linken Intervallgrenzen 0,408 + 0,2931 = 0,7011 und kleiner als die Summe der rechten Intervallgrenzen 0,409 + 0,2932 = 0,7022. Es ergibt sich a + b = 0,70...
Zwei Dezimalstellen sind gesichert.

c) Dem Produkt a · b entspricht der Flächeninhalt des entsprechenden Rechtecks. Dieser Flächeninhalt ist in jedem Fall größer [kleiner] als der Flächeninhalt, wenn man als Seitenlänge die untere [obere] Intervallgrenze nimmt. Das Produkt a · b liegt demnach zwischen 0,1195848 und 0,1199188. Es ergibt sich: a · b = 0,119.... Drei Dezimalstellen sind gesichert.

d) Für die Differenz a – b gilt dasselbe wie für die Summe in Teilaufgabe b). Linke Intervallgrenze: 0,408 – 0,2931 = 0,1149, rechte Intervallgrenze: 0,409 – 0,2932 = 0,1158 d. h. $0{,}1149 \le a - b \le 0{,}1158$,
a – b = 0,11...
Zwei Dezimalstellen sind gesichert.

e) Der kleinste Quotient ergibt sich falls a so klein wie möglich und b so groß wie möglich ist. Die linke Intervallgrenze für a bzw. b ist deshalb 0,409 bzw. 0,2931. Analog gilt für die rechte Intervallgrenze 0,409 bzw. 0,2931. Zwei Dezimalstellen sind gesichert: a bzw. b = 1,39...

117 7. 32,65 cm < a < 32,74 cm; 18,85 cm < b < 18,94 cm

a) 103 cm < 2 · (a + b) < 103,36 cm

b) 615,4525 cm^2 < a · b < 620,0956 m^2

c) 1,72386483633 < a : b < 1,73687002653

[29,65 cm < a < 29,74 cm; 20,95 cm < b < 21,04 cm

a) 101,2 cm < 2 · (a + b) < 101,56 cm

b) 621,1675 cm^2 < a · b < 625,7296 m^2

c) 1,40922053232 < a : b < 1,41957040573]

Im Blickpunkt: Wie viele rationale und irrationale Zahlen gibt es?

118 **1. a)** Nein, für eine rationale Zahl kann man keine nächst größere rationale Zahl angeben, denn zwischen zwei beliebigen rationalen Zahlen a und b liegt immer die rationale Zahl $\frac{a+b}{2}$.

b) (1) Da sich jede rationale Zahl als gekürzten Bruch $\frac{m}{n}$ mit m, n$\in \mathbb{Z}$ darstellen lässt, findet sich diese Zahl in Spalte 2m – 1 bzw. 2m und Zeile n im Zahlenschema.

(2) -

(3) Da man zwischen zwei aufeinanderfolgenden natürlichen Zahlen unendlich viele rationale Zahlen finden kann, liegt die Vermutung nahe, dass es mehr rationale als natürliche Zahlen gibt und sie daher nicht aufeinander abbildbar sind.

119 **2. a)** (1) So klein die Intervalle auch werden, sie decken trotzdem die dazugehörende rationale Zahl ab. Da für jede rationale Zahl ein Intervall eingetragen wird, werden folglich alle rationalen Zahlen abgedeckt. Die Intervalle überschneiden sich teilweise. Z. B. das Intervall um 0 von $-\frac{1}{2}$ bis $+\frac{1}{2}$ beinhaltet $\frac{1}{3}$ und überschneidet sich folglich mit dem Intervall, welches $\frac{1}{3}$ abdeckt.

(2) Die Länge aller Intervalle zusammen ergibt sich aus der Konstruktionsvorschrift $L = 1,\overline{1}$ dm. Dass alle rationalen Zahlen erfasst werden, folgt aus Aufgabe 2 a) (1).

b) $0,\overline{1}$ dm

c) Die rationalen Zahlen nehmen im Vergleich zu den irrationalen Zahlen nur einen sehr kleinen Anteil ein.

Bleib fit im Umgang mit Prozenten

121 **1. a)** $\frac{13}{100}$; 0,13; 13 % **c)** $\frac{1}{4}$; 0,25; 25 % **e)** $\frac{9}{40}$; 0,225; 22,5 %

b) $\frac{5}{20}$; 0,25; 25 % **d)** $\frac{2}{5}$; 0,4; 40 %

121

2. a) Eine Scheibe enthält 3 g Fett.
b) Die Salami enthält 30 % Fett.
c) Eine Käsescheibe wiegt 12,5 g.

122

3. a) Eine Scheibe wiegt 16 g. Isst man eine Scheibe des Schinkens, nimmt man 0,64 g Fett zu sich.
b) Pro Scheibe nimmt man 0,64 g Fett zu sich. 5 : 0,64 = 7,8125
Er darf nur 7 Scheiben Schinken essen.
c) Der Braten muss mit 5,6 % Fett ausgezeichnet werden.

4. a) Insgesamt wurden 58 314 Stimmen abgegeben.

Demokratische Mitte	43,68 %
Sozialer Fortschritt	33,14 %
Grünes Engagement	18,87 %
Liberale Freiheit	4,31 %

b) Die Liberale Freiheit hätte mindestens 2 916 Stimmen bekommen müssen, also mindestens 399 Stimmen mehr.

5. 40 % zuckerreduziert bedeutet, dass nur 60 % des ursprünglichen Zuckergehalts enthalten sein dürfen, also 76,1 g · 0,6 = 45,66 g Zucker.
42,5 g von 76,1 g entsprechen 55,8 %. Somit ist der Kakao sogar um 44,2 % zuckerreduziert.

6. Der gesamte Vorgang dauert etwa 5,9 min.

7. a) Der Computer kostet mit 19 % Mehrwertsteuer 950,81 €.
b) Der Computer kostet ohne 19 % Mehrwertsteuer 775,46 €, d. h. es sind 143,54 € Steuern enthalten.
c) Wenn man die Mehrwertsteuer nicht berechnet, werden die Produkte nur um $\frac{19}{119}$, also um etwa 16 % billiger.

4. Satz des Pythagoras

4.1 Satz des Pythagoras

126 **2.** Man konstruiere ein rechtwinkliges Dreieck, bei dem die Katheten 1 cm und 2 cm lang sind. Wegen $(1\text{ cm})^2 + (2\text{ cm})^2 = 5\text{ cm}^2$, hat die Hypotenuse eine Länge von $\sqrt{5}$ cm.

127 **3. a)** Oberer und unterer Streifen benötigen genauso viel hellen Granit.

b) (1) Heller Granit oberer Streifen von einem Element:

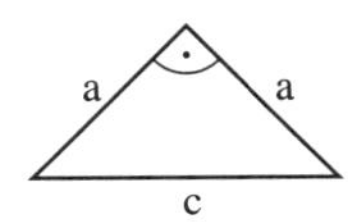

$$c^2 - \left(\tfrac{a^2}{2} + \tfrac{a^2}{2}\right) = c^2 - a^2$$

$$= a^2\text{, da } a^2 + a^2 = c^2 \text{ (Pythagoras)}$$

Für 2 Elemente benötigt man also $2a^2$.

(2) Heller Granit unterer Streifen: $c^2 = 2a^2$ bzw. 0 da abwechselnd dunkle und helle Quadrate angeordnet sind. Für zwei nebeneinanderliegende Elemente wird auch im unteren Streifen heller Granit mit einer Fläche von $2a^2$ verwendet.

c) Die Summe der Flächeninhalte bleibt konstant, denn es gilt $a^2 + b^2 = c^2$ für jedes der entstehenden rechtwinkligen Dreiecke.

4. (1) $b^2 = a^2 + c^2$ (2) $a^2 = b^2 + c^2$ (3) $t^2 = r^2 + s^2$

5. Jakob: $b^2 + c^2 = a^2$; Katharina: richtig; Lars: $a = \sqrt{c^2 - b^2}$

6. a) $x = \sqrt{18{,}48\text{ cm}^2} \approx 4{,}3\text{ cm}$

b) $x = \sqrt{312{,}32\text{ cm}^2} \approx 17{,}7\text{ cm}$

c) $x = \sqrt{379{,}6\text{ cm}^2} \approx 19{,}5\text{ cm}$

d) $x = \sqrt{\left(4{,}5^2 - 1{,}7^2\right) + 4{,}2^2}\text{ cm} = \sqrt{35}\text{ cm} \approx 5{,}9\text{ cm}$

128 **7. a)** $c^2 = a^2 + b^2$ **b)** $b^2 = a^2 + c^2$ **c)** $a^2 = b^2 + c^2$

8. a) Dreieck ABC: $a^2 + b^2 = c^2$

Dreieck ADC: $b^2 = h_c^{\,2} + q^2$

Dreieck BCD: $a^2 = h_c^{\,2} + p^2$

128

8. b) Dreieck RST: $s^2 = t^2 + r^2$

Dreieck RSU: $t^2 = y^2 + h_s^{\,2}$

Dreieck STU: $r^2 = h_s^{\,2} + x^2$

c) Dreieck EFG: $(d+g)^2 = e^2 + (h+f)^2$

Dreieck EHG: $(h+f)^2 = d^2 + l^2$

Dreieck EHI: $d^2 = h^2 + k^2$

Dreieck FGH: $e^2 = g^2 + l^2$

Dreieck HGI: $l^2 = f^2 + k^2$

9. a) c = 20 cm; u = 48 cm; A = 96 cm²

b) $c = \sqrt{74\ \text{cm}^2} \approx 8{,}6$ cm; u ≈ 20,6 cm; A = 17,5 cm²

c) b = 8 cm; u = 24 cm; A = 24 cm²

d) a = 12 cm; u = 30 cm; A = 30 cm²

e) b = 8 dm; u = 24 dm; A = 40 dm²

f) $c = \sqrt{40\ \text{cm}^2} \approx 6{,}3$ cm; u ≈ 16,3 cm; A = 10,5 cm²

g) $a = \sqrt{29{,}06\ \text{km}^2} \approx 5{,}391$ km; u ≈ 13 km; A ≈ 11,1 km²

h) $c = \sqrt{80\ \text{m}^2} \approx 8{,}9$ m; u ≈ 28,9 m; A = 48 m²

i) $b = \sqrt{3{,}757\ \text{mm}^2} \approx 61{,}3$ mm ≈ 6,1 cm; u ≈ 14,6 cm; A ≈ 10,4 cm²

j) $a = \sqrt{8931\ \text{cm}^2} \approx 94{,}5$ cm ≈ 9,5 dm; u ≈ 32,4 dm; A ≈ 63,6 dm²

10. Konstruiere ein rechtwinkliges Dreieck mit den beiden Katheten a und b. Die Hypotenuse c hat die gesuchte Länge.
a = 3 cm; b = 1 cm; $c = \sqrt{10}$ cm
[a = 4 cm; b = 2 cm; $c = \sqrt{20}$ cm sowie a = b = 1 cm; $c = \sqrt{2}$ cm]

11. $|MA| = 1 = \sqrt{1}$; $|MB| = \sqrt{|MA|^2 + 1} = \sqrt{2}$; $|MC| = \sqrt{|MB|^2 + 1} = \sqrt{3}$;
$|MD| = \sqrt{|MC|^2 + 1} = \sqrt{4}$; $|ME| = \sqrt{|MD|^2 + 1} = \sqrt{5}$
Man trägt jeweils orthogonal eine Strecke der Länge 1 cm an und erhält so die Folge $\sqrt{2}$, $\sqrt{3}$, $\sqrt{4}$, $\sqrt{5}$, ...

12. a) -

128 **12.** **b)** Da a = b gilt $a^2 + a^2 = c^2$, also $a^2 = \frac{c^2}{2}$. Die in jeder Stufe hinzukommenden Quadrate haben also einen nur halb so großen Flächeninhalt.

Gesamtflächeninhalt: $A = \left(4^2 + 2 \cdot \frac{4^2}{2} + 4 \cdot \frac{4^2}{4} + 8 \cdot \frac{4^2}{8}\right)\ \text{cm}^2 = 64\ \text{cm}^2$

Die Seitenlänge der nächsten Stufe ist $a = c \cdot \frac{1}{\sqrt{2}}$ und der Umfang aller Quadrate ist:

$$u = \left[(4 \cdot 4) + 2 \cdot \left(4 \cdot 4 \cdot \frac{1}{\sqrt{2}}\right) + 4 \cdot \left(4 \cdot 4 \cdot \frac{1}{\sqrt{2^2}}\right) + 8 \cdot \left(4 \cdot 4 \cdot \frac{1}{\sqrt{2^3}}\right)\right] \text{cm}$$

$\approx (16 + 22{,}6 + 32 + 45{,}2)\ \text{cm} \approx 115{,}8\ \text{cm}$

c) Bei n Stufen ist der Flächeninhalt aller Quadrate $A = n \cdot c^2$ (bzw. $A = n \cdot 4^2\,\text{cm}^2$).

Der Umfang aller Quadrate ist $u = 4 \cdot c \cdot \left(1 + \sqrt{2} + \sqrt{2^2} + \ldots + \sqrt{2^{n-1}}\right)$.

13. Der Flächeninhalt des weißen Quadrats im linken Bild ist gleich der Summe der Flächeninhalte der weißen Quadrate im rechten Bild, da jeweils die vier Dreiecksflächen vom Flächeninhalt der Gesamtquadrate abgetrennt wurden. Die weißen Quadrate haben die Seitenlängen c im linken Quadrat und a bzw. b im rechten Quadrat (siehe Bild zu Aufgabe), also gilt:
$c^2 = a^2 + b^2$.

4.2 Berechnen von Streckenlängen

131 **3.** Ungefähr 1,98 m.

4. **a)** $e \approx 9{,}4$ cm **b)** $b \approx 3{,}5$ dm **c)** $a \approx 3{,}6$ dm **d)** $e \approx 23{,}3$ cm

5. **a)** $h \approx 6{,}1$ cm [$h \approx 1{,}21$ m]
$A \approx 21{,}22\ \text{cm}^2$ [$A \approx 0{,}85\ \text{m}^2$]

b) $a \approx 5{,}77$ m [$a \approx 5{,}5$ cm]
$A \approx 14{,}43\ \text{m}^2$ [$A \approx 13{,}3\ \text{cm}^2$]
$u \approx 17{,}32$ m [$u \approx 16{,}6$ cm]

c) $a \approx 9{,}0$ cm [$a \approx 1{,}07$ m]
$h \approx 7{,}8$ cm [$h \approx 0{,}93$ m]
$u \approx 27{,}0$ cm [$u \approx 3{,}21$ m]

6. **a)** $h \approx 2{,}65$ cm, $A \approx 7{,}94\ \text{cm}^2$, $u = 14$ cm
b) $g = 8$ dm, $A = 12\ \text{dm}^2$, $u \approx 18$ dm
c) $s \approx 32{,}9$ mm, $A = 540\ \text{mm}^2$, $u \approx 110{,}8$ mm

132 **7.** $\sqrt{41{,}6\ \text{m}^2} + 0{,}70\ \text{m} \approx 7{,}15\ \text{m}$

132

8. $h = \sqrt{s^2 - \left(\frac{g}{2}\right)^2} = \sqrt{s^2 - \frac{g^2}{4}} = \sqrt{\frac{4s^2 - g^2}{4}} = \frac{1}{2}\sqrt{4s^2 - g^2}$

$A = \frac{g}{2} \cdot h = \frac{g}{2} \cdot \sqrt{s^2 - \left(\frac{g}{2}\right)^2} = \frac{g}{2} \cdot \sqrt{s^2 - \frac{g^2}{4}} = \frac{g}{4} \cdot \sqrt{4s^2 - g^2}$

9. Die Abkürzung ist ungefähr 2 060 m lang, also ist der Umweg ungefähr 440 m länger, das sind ungefähr 21 %.

10. 30 m

11. Angaben in Einheiten (cm)

a) $|AC| = \sqrt{45} \approx 6{,}7$; $u \approx 15{,}7$; $A = 9$

b) $|AC| = \sqrt{34} \approx 5{,}8$; $u \approx 13{,}8$; $A = 7{,}5$

c) $|AC| = \sqrt{128} \approx 11{,}3$; $u \approx 27{,}3$; $A = 32$

d) $|AC| = \sqrt{221} \approx 14{,}9$; $u \approx 35{,}9$; $A = 55$

e) $|AC| = \sqrt{29} \approx 5{,}4$; $u \approx 12{,}4$; $A = 5$

f) $|AC| = \sqrt{(x_2 - x_1)^2 + (y_2 - y_1)^2}$; $u = |x_2 - x_1| + |y_2 - y_1| + |AC|$;

$A = \frac{1}{2} \cdot |x_2 - x_1| \cdot |y_2 - y_1|$

12. O (0 | 0) ist der Ursprung des Koordinatensystems.

$|OA| = 5$ cm $\quad |OC| \approx 5{,}1$ cm $\quad |OE| \approx 3{,}2$ cm

$|OB| \approx 11{,}4$ cm $\quad |OD| \approx 4{,}5$ cm

13. a) $|AB| \approx 5{,}4$ cm; $|BC| \approx 3{,}6$ cm; $|AC| \approx 5{,}8$ cm; $u \approx 14{,}8$ cm

b) $|AB| \approx 3{,}2$ cm; $|BC| \approx 8{,}6$ cm; $|AC| \approx 6{,}4$ cm; $u \approx 24{,}2$ cm

14. 77,6 cm
Man geht davon aus, dass die beiden Seilteile geradlinig sind.

133

15. $u \approx 2\,292$ m $\quad u \approx 1\,734$ m $\quad u \approx 2\,557$ m

$A \approx 313\,487\ m^2 \quad A \approx 164\,705\ m^2 \quad A \approx 374\,393\ m^2$

16. Ungefähr 13,2 m

17. Ungefähr 1 977 m^2

133 **18.** **a)** (1) $h = \sqrt{s^2 - \frac{a^2}{2}}$

(2) $h_s = \sqrt{s^2 - \frac{a^2}{4}}$

(3) $O = a^2 + 2ah_s = a^2 + 2a\sqrt{s^2 - \frac{a^2}{4}}$

b) $h \approx 17$ cm; $h_s \approx 18{,}5$ cm; $O \approx 781{,}21\ cm^2$

c) $s \approx 41{,}23$ m; $h_s \approx 36{,}06$ m

134 **19.** **a)** $h \approx 4{,}5$ cm; $h_s \approx 4{,}8$ cm; $O \approx 37{,}62\ cm^2$

b) $s \approx 4{,}9$ cm; $h \approx 4{,}0$ cm; $O \approx 52\ cm^2$

c) $a \approx 6{,}3$ cm; $h \approx 3{,}2$ cm; $O \approx 96{,}92\ cm^2$

d) $h_s \approx 5{,}3$ cm; $s \approx 5{,}7$ cm; $O \approx 65{,}83\ cm^2$

e) $a \approx 5{,}6$ cm; $h_s \approx 5{,}3$ cm; $O \approx 91{,}03\ cm^2$

f) $a \approx 8{,}5$ cm; $s \approx 6{,}9$ cm; $O \approx 165{,}34\ cm^2$

20. **a)** $d \approx 321$ m; $h \approx 137$ m
b) Die Pyramide war ursprünglich 146 m hoch.
c) Die Cheopspyramide ist heute 6,2 % niedriger.

21. Der Weg (Luftlinie) ist 575 m lang.
In Wirklichkeit ist der Weg dann 762 m lang.

22. **a)** 4,70 m **b)** Dachsparren: 6,80 m; Stützpfosten: 2,75 m

135 **23.** **a)**

(4 : 3)	66 cm	70 cm
Höhe	39,6 cm	42 cm
Breite	52,8 cm	56 cm

Es sind 88,9% des Bildschirms sichtbar.

b)

(16 : 9)	66 cm	70 cm
Höhe	32,4 cm	34,3 cm
Breite	57,5 cm	61,0 cm

89,0 % des Bildschirms sind sichtbar.
Die Bildschirmfläche des neueren 16 : 9 Formats ist nicht so hoch, dafür aber breiter. Sie ist etwa 10 % kleiner bei gleicher Diagonale.

24. Die Platten dürfen maximal 2,10 m lang und 1,63 m breit sein.

25. 5,18 m

26. Für die Türdiagonale gilt: $d \approx 2{,}13\ m > 2{,}10$ m.
Die Holzplatte darf aber nur ganz schmal sein (bis ungefähr 1 cm dick).

136

27. a) $d = \sqrt{a^2 + a^2} = \sqrt{2a^2} = a \cdot \sqrt{2}$ $\quad (a > 0)$

b) $A = a \cdot a = \frac{d}{\sqrt{2}} \cdot \frac{d}{\sqrt{2}} = \frac{d^2}{2} = \frac{1}{2}d^2$

28. a) $d \approx 9{,}9$ cm $\quad [d \approx 1{,}13$ m$]$

b) $a \approx 8{,}5$ cm $\quad [a \approx 1{,}41$ m$]$ $\quad A \approx 72\ \text{cm}^2 \quad [A = 2\ \text{m}^2]$

29. a) $a \approx 4{,}3$ cm
$A = 17{,}5\ \text{cm}^2$
$u \approx 12{,}7$ cm

b) $f \approx 7{,}9$ mm
$A \approx 35{,}6\ \text{mm}^2$
$u = 24$ mm

c) $e \approx 9{,}1$ km
$A \approx 14{,}1\ \text{km}^2$
$u = 19{,}2$ km

d) $a \approx 2{,}9$ m
$A = 7{,}755\ \text{m}^2$
$u \approx 11{,}6$ m

30. $\frac{1}{2}e \cdot f = 48$

$\frac{1}{2} \cdot 1\frac{1}{2}f \cdot f = 48$

$\frac{3}{4}f^2 = 48$

$f^2 = 64$

$f = 8$ cm und $e = 12$ cm

$a^2 = \left(\frac{e}{2}\right)^2 + \left(\frac{f}{2}\right)^2$

$a^2 = 36\ \text{cm}^2 + 16\ \text{cm}^2$

$a^2 = 52\ \text{cm}^2$

$a \approx 7{,}2$ cm

31. a) $A = 6 \cdot \frac{a^2}{4}\sqrt{3} = \frac{3}{2} \cdot \sqrt{3}a^2$

b) $A \approx 41{,}57\ \text{cm}^2 \quad [A \approx 23{,}38\ \text{cm}^2]$

c) $a \approx 5{,}9$ cm; $\quad u \approx 35{,}4$ cm

d) Für die Fläche von ungefähr 3 367 cm^2 müssen 15 Stiefmütterchen gekauft werden.

32. Begründung: ABC ist ein gleichseitiges Dreieck und M hat zu allen Eckpunkten des Dreiecks ABC den gleichen Abstand. Deshalb müssen alle Seitenhalbierenden durch M verlaufen.

Das Dreieck ABM passt dreimal in das Dreieck ABC, deshalb muss $x = \frac{1}{3}h$ sein. Daraus folgt $r = \frac{2}{3}h$ und $x = \frac{1}{2}r$.

Aus $\frac{a}{2} = \sqrt{r^2 - x^2}$ folgt:

$a = 2\sqrt{r^2 - x^2} = 2\sqrt{r^2 - \frac{r^2}{4}} = 2\sqrt{\frac{3}{4}r^2} = 2 \cdot \frac{1}{2}r \cdot \sqrt{3} = r\sqrt{3}$

137

33. a) $d^2 = e^2 + c^2 = \left(a^2 + b^2\right) + c^2$

$d = \sqrt{a^2 + b^2 + c^2}$

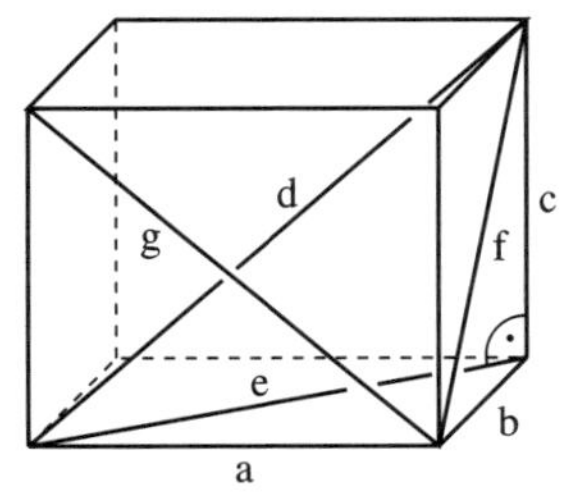

b) $e = \sqrt{a^2 + b^2}$; $f = \sqrt{b^2 + c^2}$; $g = \sqrt{a^2 + c^2}$

(1) $d \approx 9{,}5$ cm	(2) $d \approx 11{,}1$ cm	
$e \approx 8{,}6$ cm	$e \approx 11{,}0$ cm	
$f \approx 6{,}4$ cm	$f \approx 9{,}1$ cm	
$g \approx 8{,}1$ cm	$g \approx 6{,}7$ cm	

c) (1) $d \approx 7{,}5$ cm (2) $b \approx 3{,}5$ cm (3) $a \approx 7{,}25$ cm

34. a) $d = a \cdot \sqrt{3}$

b) $e \approx 7{,}1$ cm; $d \approx 8{,}7$ cm [$e \approx 4{,}95$ m; $d \approx 6{,}06$ m]

c) $a \approx 4{,}6$ cm; $e \approx 6{,}5$ cm [$a \approx 3{,}1$ cm; $e \approx 4{,}3$ cm]

35. a) $h = \sqrt{s^2 - r^2}$

b) (1) $h \approx 3{,}5$ cm (4) $h \approx 6{,}8$ cm
(2) $s \approx 5{,}8$ cm (5) $s \approx 10{,}44$ m
(3) $r \approx 4{,}0$ cm (6) $r \approx 4{,}47$ m

36. a) Der Schwerpunkt teilt die Seitenhalbierende im Verhältnis 2 : 1.

$h = a\sqrt{\frac{2}{3}} = \frac{a}{3}\sqrt{6}$

b) $h \approx 3{,}3$ cm; $h_s = \frac{a}{2}\sqrt{3} \approx 3{,}5$ cm; $O = a^2\sqrt{3} \approx 27{,}71 \text{ cm}^2$

c) $a \approx 7{,}3$ cm; $h_s \approx 6{,}4$ cm

d) $a \approx 6{,}9$ cm; $h \approx 5{,}7$ cm [$a \approx 6{,}6$ cm; $h \approx 5{,}4$ cm]

138

37. a) $s \approx 8{,}96 \text{ m} \approx 9$ m **b)** $c \approx 2{,}63 \text{ m} \approx 2{,}6$ m

38. a) Es gibt 3 Raumdiagonalen, die gleich lang sind. $d = a\sqrt{2}$

b) $d \approx 6{,}8$ cm; $O = 2a^2\sqrt{3} \approx 79{,}81 \text{ cm}^2$

[$d \approx 9{,}1$ cm; $O \approx 141{,}89 \text{ cm}^2$]

39. $u = a + b + c$; $a^2 + b^2 = c^2$

Mit c = 65 cm und u = 150 cm erhält man:

$a + b = 85$ cm und $a^2 + b^2 = 4\,225$

Durch Einsetzen von $b = 85 - a$ erhält man:

$a^2 + (85 - a)^2 = 4\,225$, also a = 25 oder a = 60

Die Seiten a und b sind 60 cm bzw. 25 cm lang.

138 **40.** $x^2 = (x-50)^2 + 250^2$

$x = 650$

Das Seil ist 6,50 m lang und ist in 6 m Höhe angebracht.

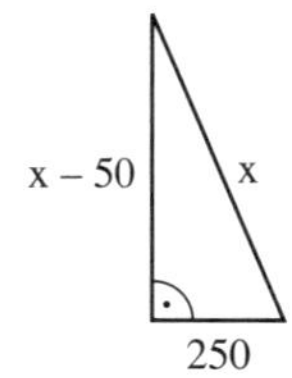

41. $(16-x)^2 = x^2 + 12^2$

$x = 3{,}5$

Der Baum ist in 3,5 m Höhe abgeknickt.

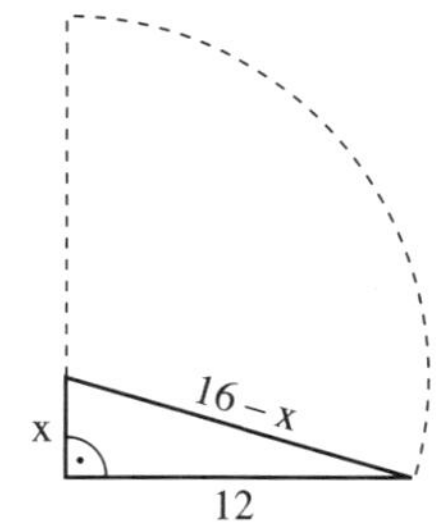

42. Der Schall hat insgesamt eine Strecke von 150 m zurückgelegt. Die Strecke vom Punkt S zum Meeresboden beträgt also 75 m.

Meerestiefe: $\sqrt{(75\text{ m})^2 - (5\text{ m})^2} \approx 74{,}83\text{ m}$

Das Meer ist hier knapp 75 m tief.

43. $\sqrt{(11\text{ cm})^2 - (6\text{ cm})^2} \approx 12{,}53\text{ cm}$

Der Strohhalm kann nicht versinken, guckt aber auch keine 2 cm aus der Dose heraus. Wir gehen dabei davon aus, dass der Strohhalm von der unteren „Ecke" der Dose aus diagonal nach oben läuft.

4.3 Umkehrung des Satzes des Pythagoras

140 **1.** $a^2 + b^2 = c^2$ gilt für alle rechtwinkligen Dreiecke.

2. **a)** rechtwinklig **b)** spitzwinklig **c)** rechtwinklig **d)** rechtwinklig **e)** stumpfwinklig

2. Wegen $(20\text{ m})^2 = (16\text{ m})^2 + (12\text{ m})^2$ ist bei B ein rechter Winkel.

Wegen $(20{,}50\text{ m})^2 > (16\text{ m})^2 + (12\text{ m})^2$ ist der Winkel bei A größer als 90°. Der Pfahl bei D steht also falsch.

4. $5^2 + 12^2 = 13^2$; nach dem Kehrsatz des Pythagoras kann man mit einem 30-Knotenseil einen rechten Winkel erzeugen.

140

5. **a)** Das Dreieck ist wegen $(6\text{ cm})^2 + (8\text{ cm})^2 = 100\text{ cm}^2 = (10\text{ cm})^2$ rechtwinklig.

b) $9^2 + 12^2 = 15^2$; pythagoreisch

$15^2 + 20^2 = 25^2$; pythagoreisch

$5^2 + 12^2 = 13^2$; pythagoreisch

$7^2 + 18^2 \neq 19^2$; nicht pythagoreisch

c) (8 | 15 | 17); (16 | 30 | 34); (24 | 10 | 26); (14 | 48 | 50)

d) -

6. Zum Beispiel mit dem Geodreieck, mit Zirkel und Lineal, mit dem Satz des Thales, mithilfe pythagoreischer Zahlen als Längen der Dreiecksseiten.

4.4 Höhensatz und Kathetensatz des Euklid

142

2. Wie in der Lösung zu Aufgabe 1 auf Seite 141 wird die Formel parallel zur Rechnung entwickelt.

Im Dreieck ABC sind die Länge c der Hypotenuse sowie die Länge eines Hypotenusenabschnitts gegeben:
$c = 4{,}00\text{ m}$; $p = 1{,}10\text{ m}$
Gesucht sind die Längen der Katheten a und b.

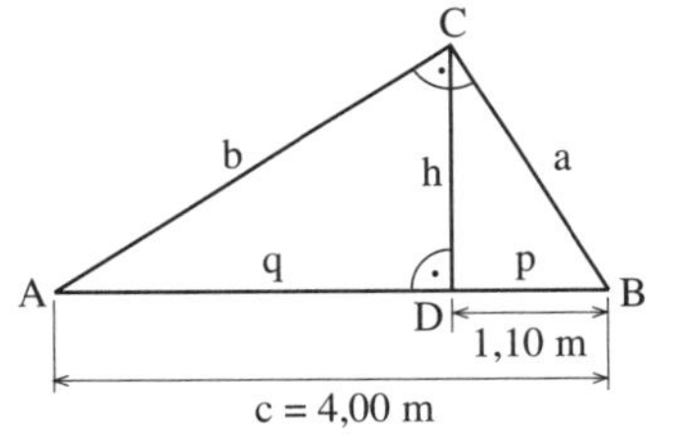

(1) Berechnen der einen Dachsparrenlänge a

Wir wenden den Satz des Pythagoras auf die Teildreiecke DBC und ADC an.

(1) Dreieck DBC: $h^2 + (1{,}1\text{ m})^2 = a^2$ | $h^2 + p^2 = a^2$

(2) Dreieck ADC: $h^2 + (4\text{ m} - 1{,}1\text{ m})^2 = b^2$ | $h^2 + q^2 = b^2$

Wir lösen beide Gleichungen nach h^2 auf:

$h^2 = a^2 - 1{,}21\text{ m}^2$ | $h^2 = a^2 - p^2$

$h^2 = b^2 - 8{,}41\text{ m}^2$ | $h^2 = b^2 - q^2$

Durch Gleichsetzen erhalten wir:

$a^2 - 1{,}21\text{ m}^2 = b^2 - 8{,}41\text{ m}^2$ | $a^2 - p^2 = b^2 - q^2$

$a^2 = b^2 - 7{,}2\text{ m}^2$ | $a^2 = b^2 - q^2 + p^2$

Für das Dreieck ABC gilt nach dem Satz des Pythagoras:

$a^2 + b^2 = (4\text{ m})^2$ | $a^2 + b^2 = c^2$

$b^2 = 16\text{ m}^2 - a^2$ | $b^2 = c^2 - a^2$

142 **2.** *(1)* Fortsetzung

Durch Einsetzen erhalten wir:

$$a^2 = 16\ m^2 - a^2 - 7{,}2\ m^2$$
$$2a^2 = 8{,}8\ m^2$$
$$a^2 = 4{,}4\ m^2$$
$$a = \sqrt{4{,}4\ m^2}$$
$$a \approx 2{,}10\ m$$

$$a^2 = c^2 - a^2 - q^2 + p^2$$
$$2a^2 = c^2 - -q^2 + p^2$$

Da $q = c - p$, gilt:

$$2a^2 = c^2 - (c-p)^2 + p^2$$
$$2a^2 = c^2 - c^2 + 2cp - p^2 + p^2$$
$$2a^2 = 2cp$$
$$a^2 = c \cdot p$$

Ergebnis: Der eine Dachsparren (die Kathete a) ist ungefähr 2,10 m lang.

(2) Berechnen der anderen Dachsparrenlänge b

Wir verwenden das Ergebnis von (1). Für das Dreieck ABC gilt nach dem Satz des Pythagoras:

$$b^2 = (4\ m)^2 - 4{,}4\ m^2$$
$$b^2 = 16\ m^2 - 4{,}4\ m^2$$
$$b^2 = 11{,}60\ m^2$$
$$b \approx 3{,}41\ m$$

$$b^2 = c^2 - a^2$$
$$b^2 = c^2 - c \cdot p$$
$$b^2 = c(c-p)$$
$$b^2 = c \cdot p$$

Ergebnis: Der andere Dachsparren (die Kathete b) ist ungefähr 3,41 m lang.

143 **3.** Ungefähr 2,24 cm.

4. (1) $h^2 = x \cdot y$

(2) $h^2 = r \cdot s$

(3) Dreieck ABC: $h^2 = p \cdot q$

Dreieck ADC: $u^2 = x \cdot y$

Dreieck DBC: $v^2 = w \cdot z$

5. **a)** $x \approx 3{,}8$ cm **b)** $x \approx 2{,}6$ cm **c)** $x \approx 14{,}9$ cm **d)** $x \approx 42{,}1$ cm

6. **a)** $h \approx 10{,}8$ cm, $A \approx 118{,}98\ cm^2$

b) $q = 9{,}8$ cm, $A = 51{,}8\ cm^2$

c) $p = 25$ cm, $A = 410\ cm^2$

d) $h = 12$ cm, $A = 156\ cm^2$

e) $q \approx 11{,}8$ cm, $A \approx 35{,}76\ cm^2$

7. **a)** $h_b \approx 9{,}2$ cm, $A \approx 87{,}07\ cm^2$

b) $u \approx 32{,}3$ mm, $A \approx 519{,}93\ mm^2$

c) $u \approx 12{,}5$ m, $A \approx 87{,}12\ m^2$

143 **8.** Abstand der Gitterstäbe: 0,8 m : 8 = 0,1 m

(1) Material für die waagerechten Stäbe: 6 · 0,1 m = 0,6 m

(2) 7 senkrechte Stäbe werden jeweils oben und unten 5 cm in das Mauerwerk eingelassen: 7 · (0,05 + 0,05) m = 0,7 m.

(3) Material für die sichtbaren senkrechten Gitterstäbe

$\left(2\cdot\sqrt{0{,}1-0{,}7}+2\cdot\sqrt{0{,}2\cdot 0{,}6}+2\cdot\sqrt{0{,}3\cdot 0{,}5}+\sqrt{0{,}4\cdot 0{,}4}\right)\text{m} \approx 2{,}4\text{ m}$

Gesamtmaterialverbrauch: 0,6 m + 0,7 m + 2,4 m = 3,7 m

144 **9.** Ungefähr 247 m.

10. (1) $c^2 = b \cdot y$ $\quad a^2 = b \cdot x$

(2) $b^2 = a \cdot r$ $\quad c^2 = a \cdot s$

(3) Dreieck ABC: $a^2 = c \cdot p$ $\quad b^2 = c \cdot q$

Dreieck ADC: $g^2 = b \cdot x$ $\quad h^2 = b \cdot y$

Dreieck DBC: $c^2 = a \cdot z$ $\quad h^2 = a \cdot w$

11. Fenja: $a^2 = c \cdot q$; Gunnar: richtig; Hanna: $e = s + r$

12. **a)** $a \approx 4{,}9$ cm; $b \approx 6{,}3$ cm; $c = 8$ cm **b)** - **c)** $A \approx 15{,}4\text{ cm}^2$

13. **a)** $a = 8\frac{1}{3}$ cm **b)** $a \approx 185{,}1$ mm **c)** $b \approx 9{,}5$ km

$c = 6\frac{2}{3}$ cm $\quad b \approx 181{,}6$ mm $\quad c \approx 11{,}6$ km

$s = 5\frac{1}{3}$ cm $\quad r \approx 178{,}1$ mm $\quad s = 9{,}0$ km

$h = 4{,}0$ cm $\quad h \approx 35{,}3$ mm $\quad h \approx 7{,}3$ km

$A = 20\frac{5}{6}\text{ cm}^2$ $\quad A \approx 16\,807{,}1\text{ mm}^2$ $\quad A \approx 71{,}25\text{ km}^2$

14. $a = 7$ cm; $b \approx 5{,}6$ cm; $c \approx 4{,}2$ cm

Auf den Punkt gebracht: Direkter und indirekter Beweis

145 **1.** **a)** *Behauptung:* Die Summe der Innenwinkel im Dreieck ist 180°.

Beweis:

(1) Ergänze eine Parallele zur Seite c durch den Punkt C.

(2) α = α', denn es sind Wechselwinkel an Parallelen. β = β', denn es sind Wechselwinkel an Parallelen.

(3) α' + β' + γ = 180°, denn es sind Nebenwinkel.

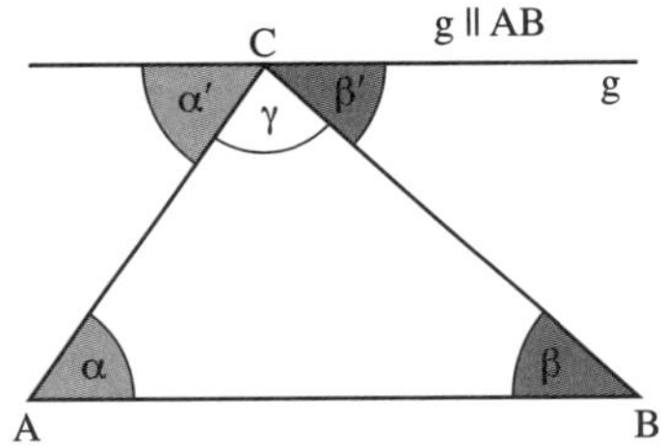

(4) Einsetzen der Aussagen aus 2 in die Summe in 3 ergibt:

α + β + γ = 180°.

Das war die Behauptung.

145 **1. b)** *Behauptung:* Die Summe der Innenwinkel im Viereck ist 360°.
Beweis:
(1) Eine Diagonale teilt das Viereck in zwei Dreiecke.
(2) Jedes Dreieck hat die Innenwinkelsumme 180°.
(3) Die Winkel der Dreiecke füllen die Winkel des Vierecks vollständig.
(4) Die Innenwinkelsumme des Vierecks beträgt $2 \cdot 180° = 360°$.
Das war die Behauptung.

146 **2.** -

3. a) *Behauptung:* Zu zwei beliebigen Bruchzahlen gibt es immer eine, die zwischen den beiden liegt.
Beweis: Natürlich müssen die beiden Bruchzahlen verschieden sein.
(1) Zuerst bringt man beide Brüche durch Erweitern auf einen gemeinsamen Nenner: $\frac{a}{c}$; $\frac{b}{c}$. Wenn sie verschieden sind, ist einer größer. Nehmen wir an $a > b$.
(2) Man bildet den Mittelwert der beiden Brüche: $\frac{a+b}{2 \cdot c}$.
(3) Wegen der Bedingung in (1) gilt: $2 \cdot a > a + b > 2 \cdot b$.
(4) Also gilt: $\frac{a}{c} = \frac{2 \cdot a}{2 \cdot c} > \frac{a+c}{2 \cdot c} > \frac{2 \cdot b}{2 \cdot c} = \frac{b}{c}$.
Das war die Behauptung.

b) *Behauptung:* Multipliziert man den Vorgänger und den Nachfolger einer ganzen Zahl und addiert 1, so erhält man das Quadrat der ganzen Zahl.
Beweis: Man nennt die fragliche Zahl n.
(1) Vorgänger ist $n - 1$, Nachfolger ist $n + 1$.
(2) Das Produkt ist: $(n - 1) \cdot (n + 1) = n^2 - 1$.
(3) Addiert man 1, so erhält man n^2.
Das ist die Behauptung.

c) *Behauptung:* Man darf bei dem Spiel nur in einer der beiden unteren Ecken beginnen und endet in der jeweils anderen.
Beweis: Nehmen wir an, man beginnt in einer anderen Ecke.
(1) Kommt man in eine der unteren Ecken (Fachbegriff: Knoten), entsteht die erste Linie. Verlässt man die Ecke, entsteht eine weitere Linie (Fachbegriff: Masche).
(2) Also entstehen bei jedem Besuch in der unteren Ecke zwei Linien. Man hätte dort also stets eine gerade Anzahl von Linien.
(3) Zählt man nach, sind es aber 3 Linien in den unteren Ecken, eine ungerade Anzahl. Man muss aber zur Startecke zurück, denn sonst gäbe es dort eine ungerade Anzahl von Linien.
Aus dem Widerspruch folgt: Wegen der ungeraden Linienzahl muss man unten starten und enden, alle anderen Ecken haben eine gerade Linienzahl, können also angefahren und verlassen werden.

d) *Behauptung:* Das Haus vom Nikolaus und nebenan vom Weihnachtsmann lässt sich nicht zeichnen, wenn man jede Linie einfach durchläuft.

146 **3.** **d)** *Beweis:*

(1) In c) haben wir gezeigt, dass man Ecken mit ungerader Linienzahl als Start oder Zielpunkt wählen muss.
(2) Es kann nur einen Start und einen Zielpunkt pro Versuch geben.
(3) Hier gibt es zwei Ecken mit 3 Linien, eine mit 5 Linien und eine mit 7.
(4) Es gibt also 4 Sackgassen. Deshalb kann man das Haus nicht nach den vorgegebenen Spielregeln zeichnen.

4.5 Aufgaben zur Vertiefung

147 **1.** **a)** 43 715 m **b)** $h \approx 785$ m **c)** 4 654 m **d)** -

2. Die andere Kathete ist $\frac{1}{2}\sqrt{3}$ $\left[\frac{1}{3}\sqrt{8};\ \frac{1}{4}\sqrt{15}\right]$ mal so lang wie die Hypotenuse.

3. **a)** $h = a \cdot \sqrt{3{,}5}$ $\left[h = a \cdot \sqrt{15{,}5}\right]$ **b)** $s = \frac{3}{2}a \cdot \sqrt{2}$ $\left[s = \frac{1}{2}a \cdot \sqrt{3}\right]$

4. **a)** $A = 7{,}5$ **b)** $A = 8{,}91$

5. **a)** $A = 6$
b) $a \approx 4{,}2;$ $b \approx 2{,}8;$ $c \approx 5{,}1$
c) $h_a \approx 2{,}8;$ $h_b \approx 4{,}2;$ $h_c \approx 2{,}4$
d) Jedes Dreieck lässt sich wie im Bild in ein Rechteck einbetten, dessen Seiten parallel zu den Achsen sind und ein Eckpunkt auch Eckpunkt des Dreiecks ist (im Bild der Punkt A).

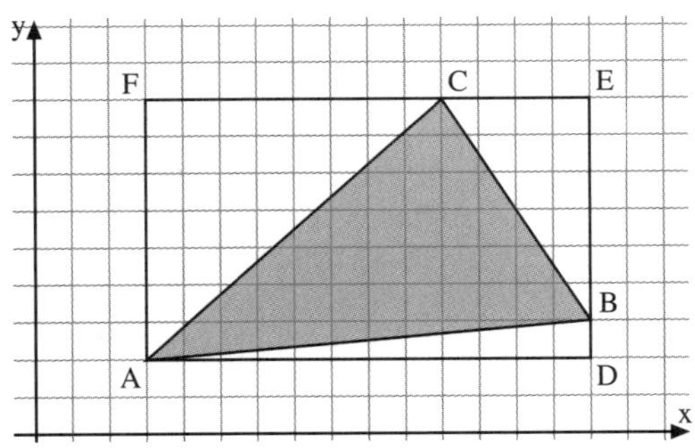

Die Koordinaten der Eckpunkte A, D, E, F des Rechtecks sind dann auch ganzzahlig.
Für den Flächeninhalt des Dreiecks ABF gilt:

$$A_{ABC} = A_{ADEF} - A_{ADB} - A_{BEC} - A_{CFA}$$
$$= |AD| \cdot |DE| - \tfrac{1}{2}|AD| \cdot |D| - \tfrac{1}{2}|BE| \cdot |EC| - \tfrac{1}{2}|CF| \cdot |FA|$$
$$= \tfrac{1}{2}\left(2 \cdot |AD| \cdot |DE| - |AD| \cdot |DB| - |BE| \cdot |EC| - |CF| \cdot |FA|\right)$$

Die Produkte in der Klammer sind jeweils ganzzahlig, der Flächeninhalt des Dreiecks also ein ganzzahliges Vielfaches von $\frac{1}{2}$.

6. $|P_1P_2| \approx 9{,}5$ cm

5. Parabeln – Quadratische Funktionen und Gleichungen

Lernfeld: Nicht gerade, aber symmetrisch

150 In dem Lernfeld Parabel haben Schülerinnen und Schüler bei entsprechenden Sozialformen des Unterrichts Gelegenheit, wesentliche prozessbezogene Kompetenzen zu erlernen bzw. zu festigen.
Mathematisch argumentieren, modellieren und mathematisch kommunizieren sind hier besonders gefordert.
Die Schülerinnen und Schüler nutzen den eingeführten Rechner zur Darstellung und Erkundung mathematischer Zusammenhänge sowie zur Bestimmung von Ergebnissen, wählen Modelle zur Beschreibung überschaubarer Realsituationen und begründen ihre Wahl. Sie nutzen die Möglichkeiten einer sinnvollen Parametervariation, analysieren die Beobachtungen und verallgemeinern begründet.
Ist im ersten Lernfeld schon die Sozialform vorgegeben, so empfiehlt sich für das zweite Lernfeld eine längere Phase von Gruppenarbeit, da durch die Aufgabenstellung einerseits eine Öffnung und andererseits eine Niveausteigerung vorgezeichnet ist.
Für das dritte Lernfeld, das eine Verallgemeinerung der bisherigen Beobachtungen einfordert, hat sich eine Langzeit-Hausaufgabe als besonders geeignet erwiesen. Hier haben die Schüler/innen Gelegenheit zu einem kleinen mathematischen Aufsatz.

1. Auftrag: Kurven durch Fadenkonstruktionen

1. Punkt: Es ergeben sich Punkte S_n, die verbunden die Form einer im Bild gezeigten Kurve ergeben. Je nach Lage des Punktes F zu dem Lineal ergeben sich unterschiedliche Breiten.
Alle entstandenen Bilder zeigen eine Symmetrie zur zum Lineal orthogonalen Geraden durch den Punkt F.

2. Punkt: Je nach Abstand des Punktes F zum Lineal verändert sich die Öffnung der Kurve. Der tiefste Punkt der Kurve ist immer auf der zum Lineal orthogonalen Geraden durch den Punkt F und halbiert den Abstand des Punktes F zum Lineal. Liegt der Punkt F unterhalb des Lineals, so spiegelt sich das Bild entsprechend.
Dreht man das Lineal bei festem F, so dreht sich das ganze Bild. Darüber hinaus behält die Figur alle vorher festgestellten Eigenschaften.

150 **2. Auftrag: Optimierungsproblem Glasscheibe**

1. Punkt: Für drei Werte werden die Rechtecke gezeichnet und die entsprechenden Ergebnisse in eine erste Tabelle eingetragen. Mit der Wahl der beiden aus der Zeichnung gut ablesbaren Punkte P(0 | 10,5) und Q(17 | 2) erhält man die Gleichung der Hilfsgeraden $y = -0{,}5x + 10{,}5$. Der Glasrest ist also ein rechtwinkliges Dreieck mit den Längenmaßen für die Katheten von 105 cm und 210 cm.

x (in cm)	y (in cm)	$A = x \cdot y$ (in cm²)
30	90	2700
70	70	4900
130	4	5200

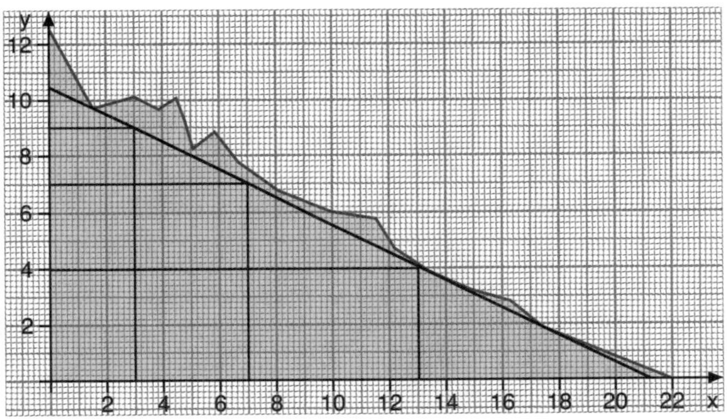

Wählt man einen x-Wert, so ergibt sich der zugehörige y-Wert aus der Lösung der Gleichung der Hilfsgeraden $y = -0{,}5x + 10{,}5$. Dies führt zu der sinnvollen Erstellung einer Tabelle mit dem Rechner. Hierzu sind folgende Einstellungen hilfreich:

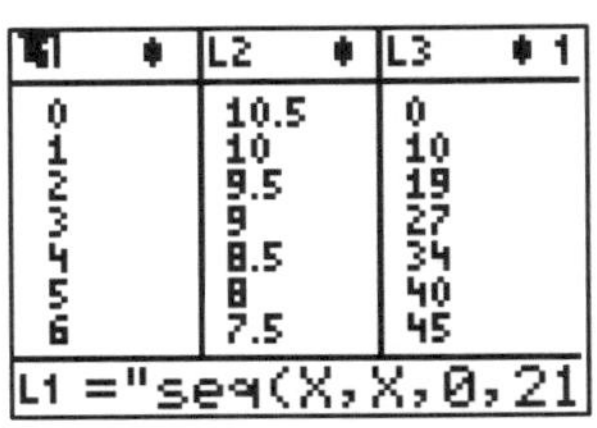

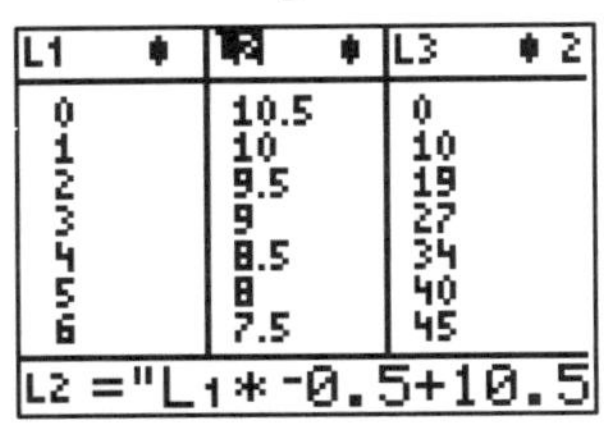

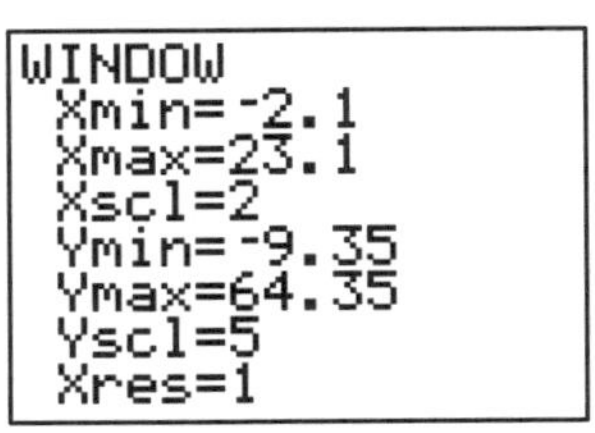

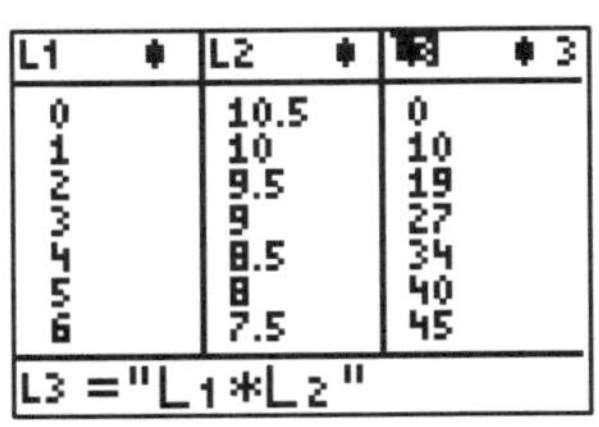

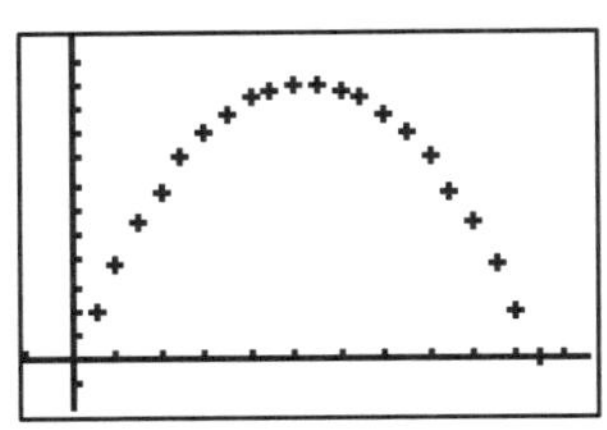

Einige Gruppen werden sicher zur besseren Übersicht gleichzeitig neben der Tabelle einen Plot erstellen. Sowohl über die Auswertung der Tabelle als auch über den Plot ist eine Symmetrie erkennbar, die vermutlich durch die Gerade mit der Gleichung $x = 10{,}5$ gegeben ist.

150 *1. Punkt:* Fortsetzung
Je nach Kenntnisstand aus Klasse 7 werden einige Gruppen auch versuchen, eine Regression durchzuführen, um die Funktionsgleichung $y = -0{,}5x^2 + 10{,}5 \cdot x$ zu erhalten.
Sowohl durch Verfeinerung der Tabelle als auch durch Benutzung des calc-Menüs lässt sich das Rechteck mit größtmöglichem Flächeninhalt bestimmen.

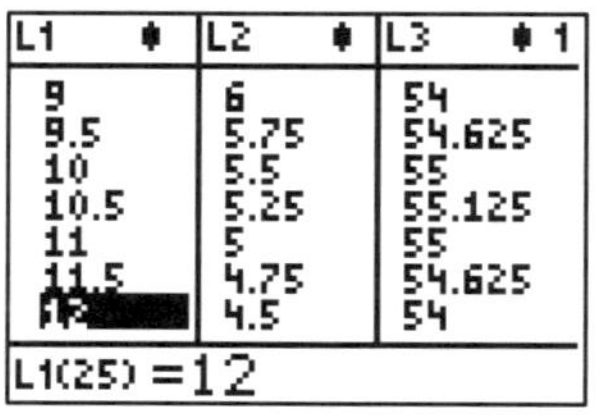

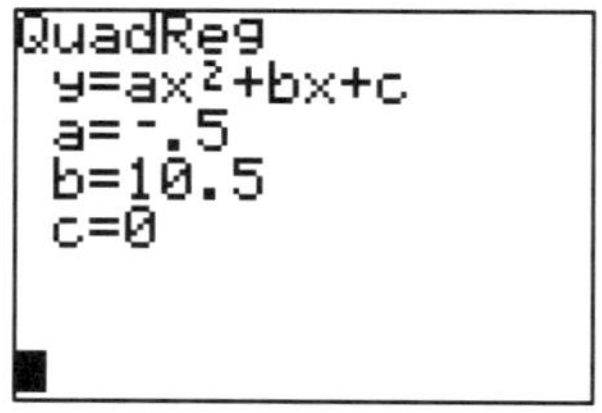

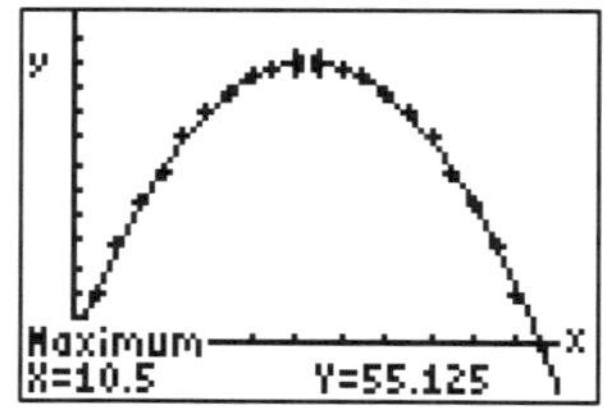

Das Rechteck mit dem größtmöglichen Flächeninhalt von 5 512,5 cm² hat die Maße 105 cm und 52,5 cm.

2. Punkt: Für die Bestimmung der optimalen Schnittgeraden bieten sich die drei Punkte A(0 | 21,6), B(8 | 11,4) und C(15,8 | 1,8) an. Daraus ergeben sich die folgenden drei möglichen Schnittgeraden: g_{AB}: $y = -1{,}3x + 21{,}8$, g_{AC}: $y = -1{,}27x + 21{,}8$, g_{BC}: $y = -1{,}3x + 21{,}8$. Für die Gerade g_{AC} ergibt die Punktprobe für den Punkt B, dass er innerhalb der Fläche des Glasrestes liegt – g_{AC}: $y = -1{,}27 \cdot 8 + 21{,}8 = 11{,}64$ – und somit scheidet die Gerade als Schnittgerade aus. Die beiden anderen Geraden sind gleich und somit beide optimal.
Es können hier aber auch andere Geraden durchaus als „richtig" anerkannt werden.
Für die weiteren Untersuchungen kann wie unter Punkt 1 vorgegangen werden.
Es ergeben sich folgende Ergebnisse:

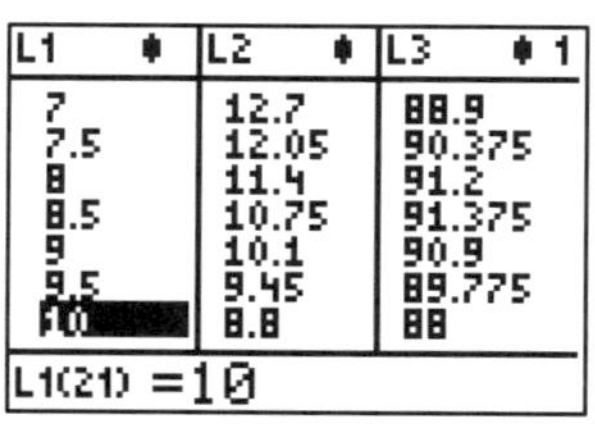

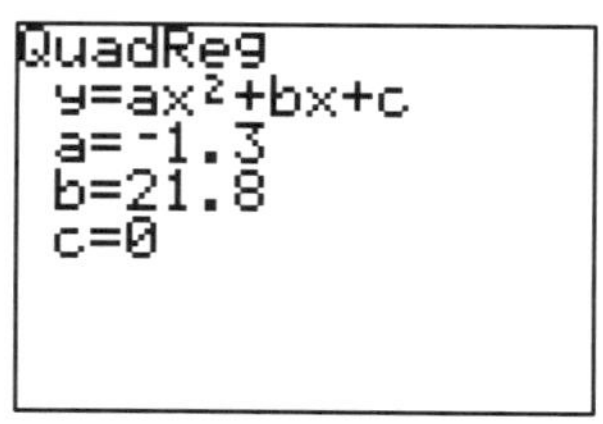

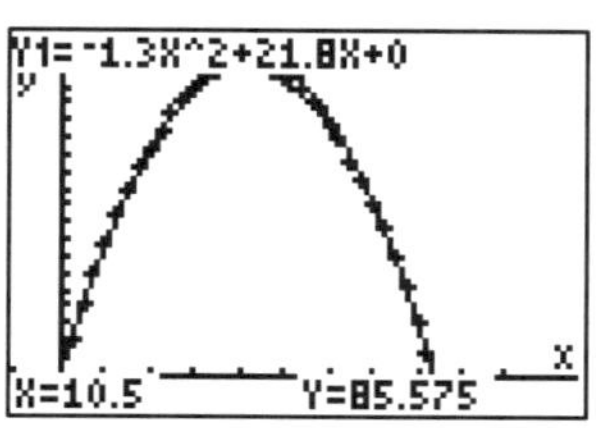

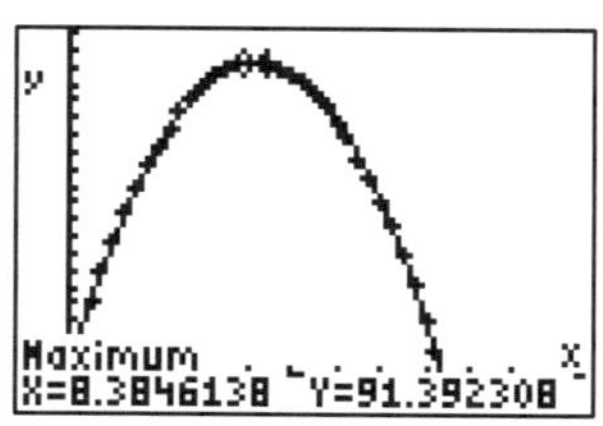

Das Rechteck mit dem größtmöglichen Flächeninhalt von 9 139,23 cm² hat die ungefähren Maße 83,8 cm und 109,1 cm.

150 *3. Punkt:* Da die Lösungen offensichtlich von den Schnittgeraden abhängen, müssen diese variieren, insbesondere hinsichtlich der Steigung. Zu untersuchen ist auch die Frage, was bei parallelen Geraden passiert.

C_1: unterschiedliche Steigungen

$g_{AC}: y = -1x + 21{,}8$ $g_{AB}: y = -3x + 21{,}8$ $g_{BC}: y = -5x + 21{,}8$

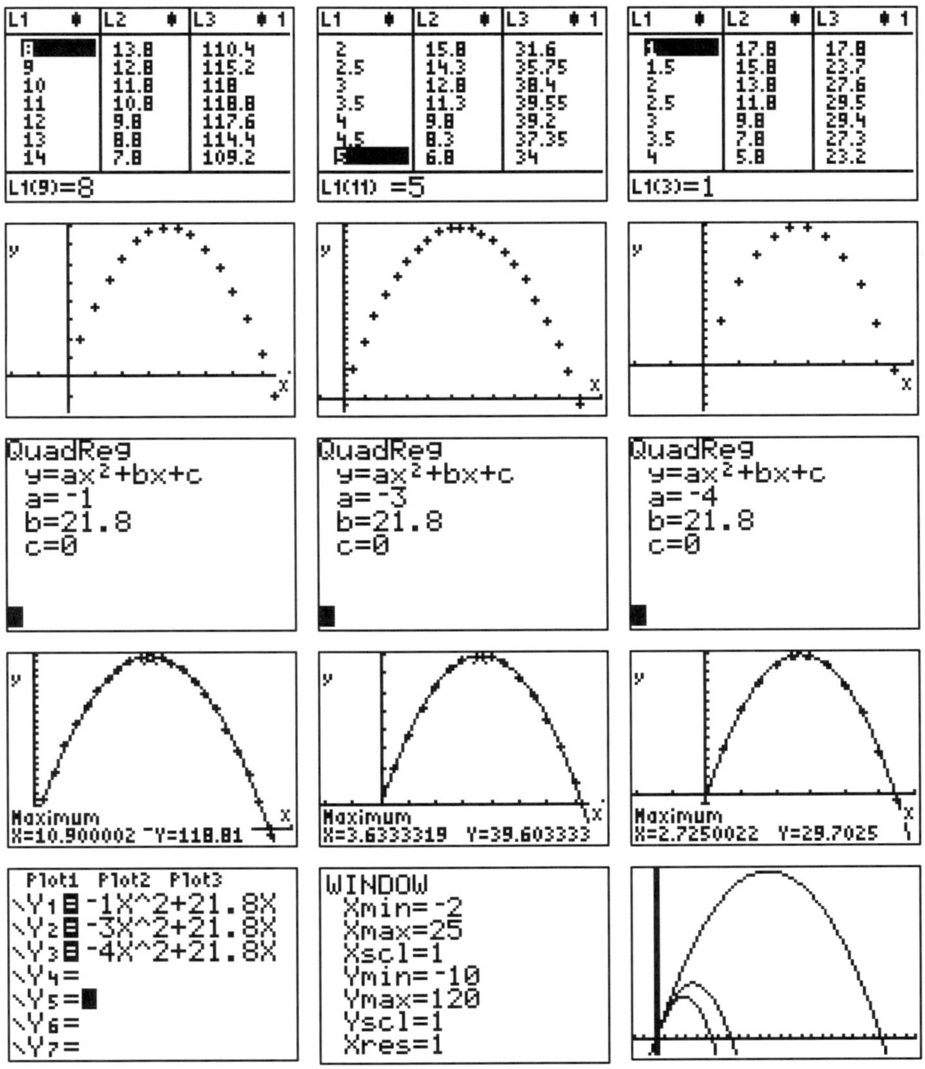

Durch Vergrößerung der Steigung wird ein sinnvoller Definitionsbereich immer kleiner und entsprechend wird auch der optimale Flächeninhalt geringer. Die Graphen werden mit steigender Steigung der Schnittgeraden immer schlanker mit geringerem maximalen y-Wert.

Es ergeben sich immer quadratische Gleichungen der Form

$y = -a \cdot x^2 + b \cdot x = -a \cdot x\left(x - \frac{b}{a}\right)$ mit positiven Werten für die Parameter a und b.

150 *3. Punkt:* Fortsetzung

C_2: parallele Schnittgeraden

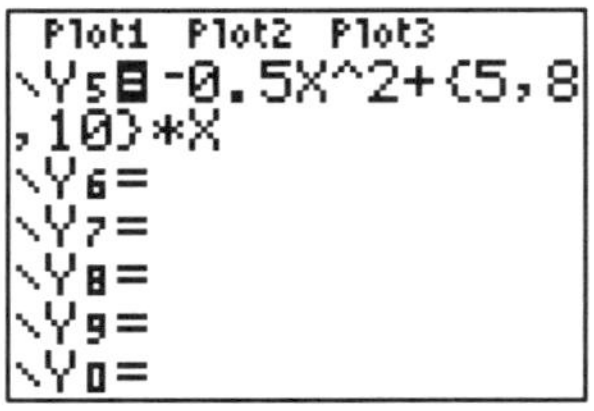

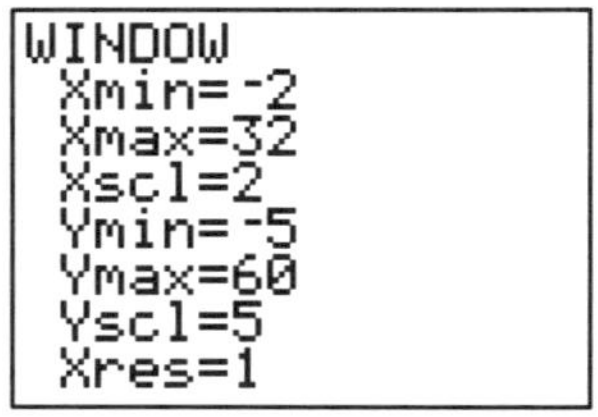

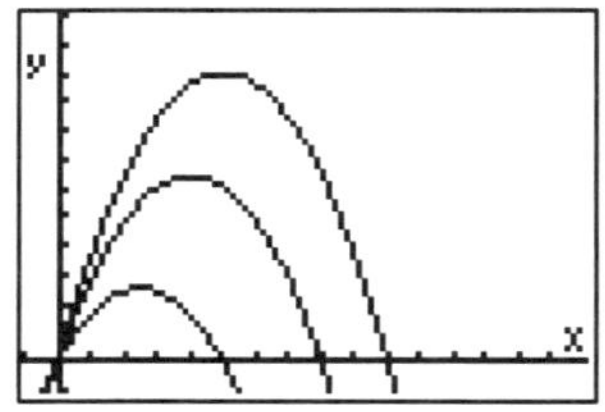

Wie vermutet werden bei höherem Wert für den Parameter b die Maße für optimale Flächeninhalte größer, wie die drei Grafiken zeigen.

3. Auftrag: Parametervariationen

1. Punkt:

Die Variation des Parameters a verändert die Öffnung der Kurve. Je größer der Wert für a ist, umso schlanker wird die Kurve. Ist a negativ, wird der Graph nur an der x-Achse gespiegelt. Die Nullstellen liegen bei x = 0 und $x = -\frac{b}{a}$.

Die Symmetrieachse hat die Gleichung

$x = -\frac{b}{2 \cdot a}$.

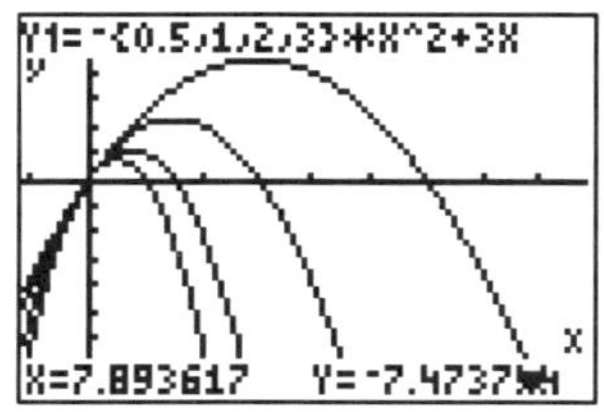

Eine Variation des Parameters b führt zu Graphen mit gleicher Öffnung. Sie werden allerdings in x- und y-Richtung verschoben. Das Verschiebungsausmaß lässt sich über den höchsten bzw. tiefsten Punkt bestimmen. Da der höchste bzw. tiefste Punkt jeweils die Koordinaten $\left(\frac{b}{2 \cdot a} \middle| -\frac{b^2}{4 \cdot a}\right)$ hat, lässt sich die Verschiebung leicht durch die Differenz der entsprechenden Koordinaten bestimmen.

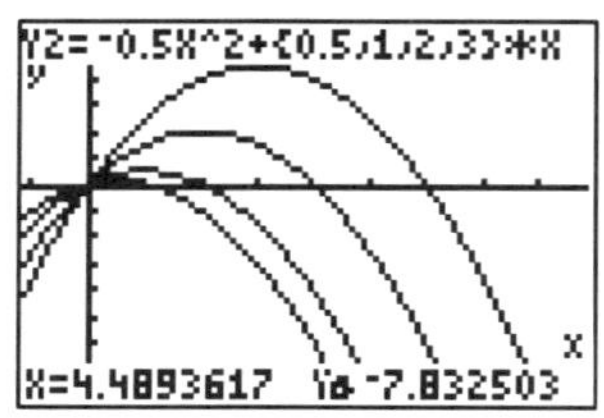

2. Punkt:

Ausgangspunkt im Vergleich zum 1. Punkt ist die Funktion $g(x) = -2x^2 - 4x$ mit den Nullstellen x = 0 und x = –2, der Symmetrieachse x = –1 sowie dem höchsten Punkt (–1 | 2). Durch den Parameter c wird der Graph zu g um den Parameter c in y-Richtung verschoben. Dadurch bleibt die Symmetrieachse erhalten, die Nullstellen liegen allerdings für $-1 < c < 1$ weiter zusammen, sonst entsprechend weiter auseinander.

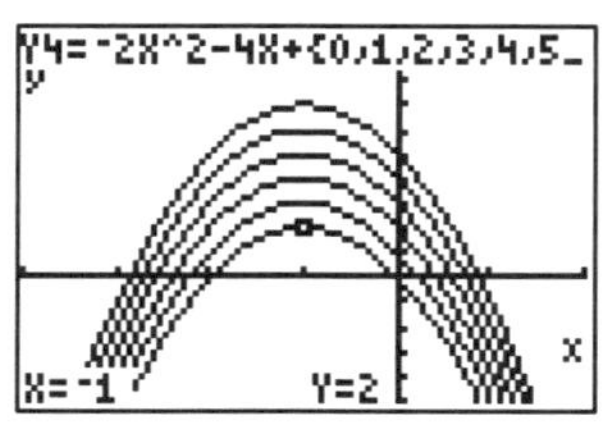

5.1 Quadratfunktion – Eigenschaften der Normalparabel

154 **2.** (1) $L = \{-2{,}5;\ 2{,}5\}$ (2) $L = \{0\}$ (3) $L = \{\ \}$

3. **a)** Eigenschaften siehe Satz auf Seite 153 des Schülerbandes.
b) und **c)** $f(0{,}7) = 0{,}49$; $f(1{,}3) = 1{,}69$; $f(2{,}6) = 6{,}76$; $f(-0{,}4) = 0{,}16$; $f(-1{,}7) = 1{,}89$; $f(-2{,}1) = 4{,}41$

4. 0,49; 1,69; 6,76; 0,16; 1,89; 4,41

5. -

6. 1,44; 6,76; 1,5; 0; 1,96; 0,9

7. **a)** (1) $L = \{-2;\ 2\}$ (3) $L = \{-3{,}5;\ 3{,}5\}$ (5) $L = \{\ \}$
(2) $L = \left\{-\frac{1}{2};\ \frac{1}{2}\right\}$ (4) $L = \{0\}$
b) $\left\{-\sqrt{r};\ \sqrt{r}\right\}$ für $r > 0$; $\{0\}$ für $r = 0$; keine Lösung für $r < 0$

155 **8.** Die Normalparabel hat keine Ecken. Der Verlauf ist ansonsten ungefähr richtig.

9. $L = \left\{x \in \mathbb{R} \mid 0 < x < 1\right\}$

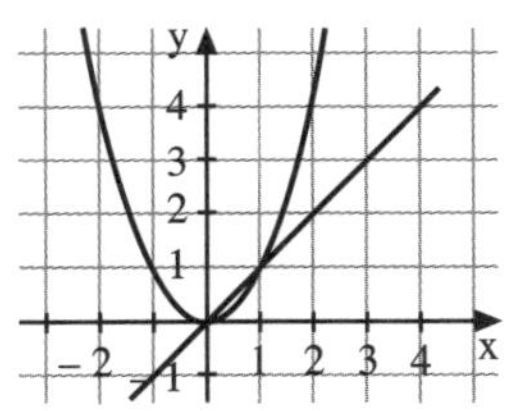

10. **a)** $(-2 \cdot 0{,}5)^2 = (-1)^2 = 1$
Die Parabel wird schmaler. Der Abstand jedes Funktionswertes zur y-Achse halbiert sich.
Der Funktionswert für jede Stelle vervierfacht sich.
b) Der Funktionswert vervielfacht sich um den Faktor 9, 16, ...
Begründung: $f(-3x) = (-3x)^2 = (-3)^2 x^2 = 9x^2$

11. **a)** Der Flächeninhalt vervierfacht sich.
b) $2a^2 = (a \cdot x)^2$
$x = \sqrt{2}$
Die Seitenlängen müssen mit dem Faktor $\sqrt{2}$ multipliziert werden.

12. Der Preis sollte sich auf 31,92 € vervierfachen.

155

13. **a)** (1) $y = 2(x+1)+1$ (2) $y = -3(x+1)-2$ (3) $y = -\frac{1}{4}(x+1)-2$

$y = (2x+1)+2$ $y = (-3x-2)-3$ $y = \left(-\frac{1}{4}x-2\right)-\frac{1}{4}$

b) $f(x+1) = m(x+1)+b = mx+b+m = f(x)+m$
Der Graph verschiebt sich um eine Einheit nach links.

c) Der Graph der Parabel verschiebt sich um eine Einheit nach links.

d) Die Vermutung lässt sich aus folgender Tabelle ablesen:

x	f (x)	f (x + 1)
−1	1	0
0	0	1
1	1	4
2	4	9
3	9	16

14. (1) Graphen darstellen lassen und Lösung am Graphen ablesen.
(2) Lösung in der Funktionstabelle ablesen.
(3) Lösung berechnen lassen.

15. **a)** $L = \{-1; 1\}$ **b)** $L = \{-2{,}5; 2{,}5\}$ **c)** $L = \{-1{,}5; 1{,}5\}$ **d)** $L = \{-2; 2\}$ **e)** $L = \{0\}$

16. **a)** $L = \{-3; 3\}$ **b)** $L = \{-\sqrt{11}; \sqrt{11}\}$ **c)** $L = \{\ \}$ **d)** $L = \{0\}$ **e)** $L = \{-\sqrt{5}; \sqrt{5}\}$

17. **a)** $x^2 = 81$ **b)** $x^2 = 2{,}25$ **c)** $x^2 = 11$ **d)** $x^2 = 12$ **e)** $x^2 = 0$

5.2 Quadratische Gleichungen – Grafisches Lösungsverfahren

5.2.1 Lösen einer quadratischen Gleichung durch planmäßiges Probieren

157

1. **a)** $x^2 = 5x - 6$

b) Z. B. auch mithilfe von Wertetabellen (Listen).

157

2. Seitenlängen des Quadrats (in cm): a
Seitenlängen des Rechtecks (in cm): a + 3 und a + 4
Flächeninhalt des Quadrats (in cm^2): a^2
Flächeninhalt des Rechtecks (in cm^2): $(a+3)(a-4) = a^2 - a - 12$
Gleichung: $a^2 = 2 \cdot (a^2 - a - 12) = 2a^2 - 2a - 24$
Lösungsmenge: L = {–4; 6}
–4 entfällt als Lösung, da Längen positiv sind.
Ergebnis: Das Quadrat hat die Seitenlänge 6 cm, das Rechteck hat die Seitenlängen 9 cm und 2 cm.

3. **a)** $x^2 = 6x - 8$ L = {2; 4}
b) $x^2 = 16 - 1{,}8x$ L = {-5; 3,2}
c) $x^2 = \frac{1}{2}(3x + 20)$ L = {–2,5; 4}

4. **a)** L = {–3; 5} **b)** L = {–4} **c)** L = {–2; 0} **d)** L = {–1; 4}

5. **a)** ja, gemischtquadratisch
b) ja, reinquadratisch
c) ja, reinquadratisch
d) ja, gemischtquadratisch
e) nein
f) ja, gemischtquadratisch
g) ja, gemischtquadratisch
h) nein
i) nein
j) ja, gemischtquadratisch

5.2.2 Grafisches Lösen bei quadratischen Gleichungen

159

2. **a)** -
b) (1) L = {2,618; 0,382} (3) L = {2}
(2) L = {0,562; –3,562} (4) L = { }

3. **a)** (1) L = {0,5; 2} zwei Lösungen (2) L = { } keine Lösung (3) L = {–1} eine Lösung
b) (1) L = {–0,5; 1,5} (2) L = {0,5} (3) L = { }
c) Die Geraden liegen parallel zueinander. Sie gehen durch Parallelverschiebung auseinander hervor.

4. L = {–3,5; 2}, $x^2 = 7 - 1{,}5x$

160

5. **a)** L = {–0,5; 2}
b) L = { }
c) L = {–2,5; 2,5}
d) L = {–1,5; 2,4}
e) L = { }
f) L = {–2,5}
g) L = {0; 2}
h) L = { }

160 **6.** **a)** $L = \{-1;\ 1{,}5\}$; $x^2 - 0{,}5x - 1{,}5 = 0$

b) $L = \{\ \}$; $x^2 + 2x + 1{,}5 = 0$

c) $L = \{1\}$; $x^2 - 2x + 1 = 0$

7. (1) $L = \{0;\ 3\}$
(2) $L = \{1{,}5\}$
(3) $L = \{\ \}$
(4) $L = \{0{,}5;\ 2{,}5\}$

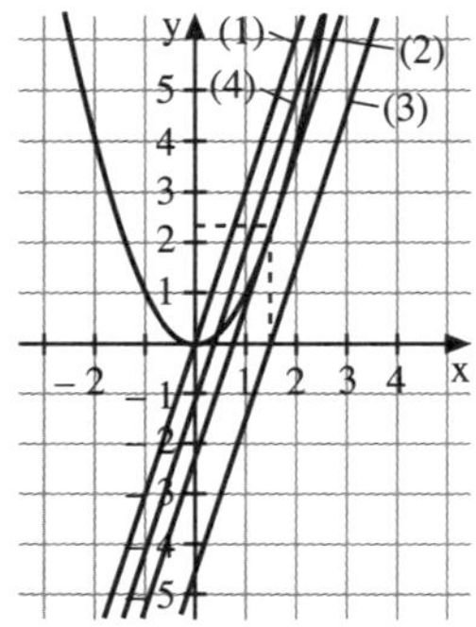

8. **a)** Verschiebt man die Gerade nach oben, gibt es zwei Lösungen. Verschiebt man die Gerade nach unten, ist die Lösungsmenge leer.

b) Ist m positiv, dann ist die Gerade steigend. Ist m negativ, dann ist die Gerade fallend. Es gibt für jedes m immer 2 Lösungen.

9. **a)** $L = \left\{-\sqrt{2};\ \sqrt{2}\right\}$ **d)** $L = \{-2;\ 0\}$ **g)** $L = \{\ \}$

b) $L = \{\ \}$ **e)** $L = \{0;\ 2\}$ **h)** $L = \{-2;\ 4\}$

c) $L = \{0\}$ **f)** $L = \{1\}$

10. **a)** (1) $\square > 0$
(2) $\square = 0$
(3) $\square < 0$

b) (1) $\square \neq 0$
(2) $\square = 0$
(3) keine Zahl möglich

c) (1) $\square > 3$ oder $\square < -3$
(2) $\square = 3$ oder $\square = -3$
(3) $-3 < \square < 3$

d) (1) $\square > -4$
(2) $\square = -4$
(3) $\square < -4$

11. **a)** Betrachte die Normalparabel mit $x \to x^2$ und die Gerade mit $x \to -px - q$.

Für $q < 0$ ist $-q$ positiv, d. h. die Gerade schneidet die y-Achse im positiven Teil, die Normalparabel also einmal rechts und dann einmal links von der y-Achse. Die Gleichung $x^2 + px + q = 0$ besitzt für $q < 0$ also eine positive und eine negative Lösung, zusammen also zwei Lösungen.

b) Der Kehrsatz gilt nicht. Die Gleichung $x^2 - 2x = 0$ (also $q = 0$) hat z. B. die Lösungen 0 und 2.

5.3 Verschieben der Normalparabel

5.3.1 Verschieben der Normalparabel in Richtung der y-Achse

161 **2.** $f(x) = x^2 - 3$

162 **3. a)** (1) $L = \{-2; 2\}$ (2) $L = \{-\sqrt{6}; \sqrt{6}\}$ (3) $L = \{\ \}$

b) (1) $-\sqrt{7}$ und $\sqrt{7}$ (2) -3 und 3 (3) $-\sqrt{2}$ und $\sqrt{2}$

c) -

d) -

163 **4.** $c = 0$ $c = 1$ $c = -1$

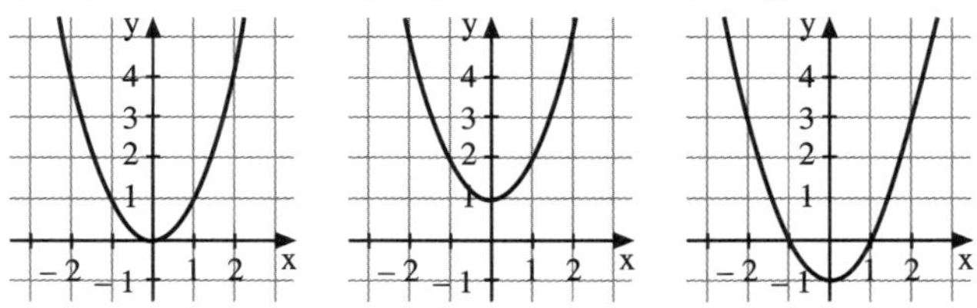

Die Graphen ergeben sich aus der Normalparabel durch Verschieben in Richtung der y-Achse.

5. a) $f(x) = x^2 + 4$; S (0 | 4) **c)** $f(x) = x^2 + 2{,}5$; S (0 | 2,5)

b) $f(x) = x^2 - 4$; S (0 | −4)

6. a) S (0 | −6), P_1 (2,45 | 0), P_2 (−2,45 | 0) (gerundet)

b) S (0 | 1,2), - -

c) S (0 | 3,5), - -

d) S (0 | −8,25), P_1 (2,87 | 0), P_2 (−2,87 | 0) (gerundet)

e) $S\left(0 \mid -\frac{1}{4}\right)$, $P_1\left(\frac{1}{2} \mid 0\right)$, $P_2\left(-\frac{1}{2} \mid 0\right)$

f) S (0 | 1,44), - -

g) $S\left(0 \mid -\frac{36}{25}\right)$, $P_1\left(\frac{6}{5} \mid 0\right)$, $P_2\left(-\frac{6}{5} \mid 0\right)$

h) S (0 | −7,84), P_1 (2,8 | 0), P_2 (−2,8 | 0)

7. a) Normalparabel mit dem Scheitelpunkt S(0 | −6). Der Graph schneidet die x-Achse.

b) Normalparabel mit dem Scheitelpunkt S(0 | 32). Der Graph schneidet nicht die x-Achse.

c) Normalparabel mit dem Scheitelpunkt S(0 | −100). Der Graph schneidet die x-Achse.

163

8.

x	f(x)
–5	21,5
–4	12,5
–3	5,5
–2	0,5
–1	–2,5
0	–3,5
1	–2,5
2	0,5
3	5,5
4	12,5
5	21,5

Der Funktionswert 0 wird bei $x = \pm\sqrt{3,5} \approx \pm 1,871$ erreicht.
Der Graph steigt für alle $x \geq 0$.

9. **a)** $f(x) = x^2 + 8$; S(0 | 8)
b) $f(x) = x^2 - 4,41$; S(0 | –4,41)
c) $f(x) = (x-1)^2 + 2$; S(1 | 2)
d) $f(x) = (x+1)^2 - 5$; S(–1 | –5)

10. S (0 | –6,25)

11. **a)** $f(x) = x^2 + 65,8$
b) $f(x) = x^2 - 49$

12. **a)** und **b)** (1) L = {–2,6; 2,6}
(2) L = {–1,9; 1,9}
(3) L = {0}
(4) L = { }

164

13. (1) L = { } (2) L = {0} (3) L = {–1; 1}

14. **a)** L = {–3; 3}
b) L = {–3,5; 3,5}
c) $L = \{-\sqrt{10};\ \sqrt{10}\}$
d) $L = \{-\sqrt{7};\ \sqrt{7}\}$
e) L = { }
f) $L = \{-\sqrt{2};\ \sqrt{2}\}$
g) L = { }
h) L = {0}

5.3.2 Verschieben der Normalparabel in Richtung der x-Achse

1. (1) $f(x) = (x+4)^2$
(2) $x = -4$
(3) Der Graph fällt für $x \leq -4$ und steigt für $x \geq -4$.
(4) $f(x) = x^2 + 8x + 16$

165

2. **a)** um 2,4 Einheiten nach rechts
b) um $\frac{2}{7}$ Einheiten nach links

165 **3.** **a)** $L = \{3\}$
b) $L = \{-5{,}24; -0{,}76\}$
c) (1) $L = \{-1; 5\}$ (2) $L = \{-6{,}24; -1{,}76\}$ (3) $L = \{1\}$ (4) $L = \{\ \}$

4. **a)** Z. B. $f(x) = (x-3)^2$
Die Normalparabel ist um 3 Einheiten nach rechts verschoben.
b) Betrachte $f(3) = (x-3)^2 = 0$. Der Scheitelpunkt für f (x) liegt bei (3 | 0), 3 Einheiten nach rechts verschoben zum Scheitelpunkt (0 | 0) der Normalparabel. Für eine allgemeine Betrachtung ersetze man 3 durch d.

166 **5.** **a)** $f(x) = x^2 - 10x + 25$ **c)** $f(x) = x^2 - 1{,}6x + 0{,}64$
b) $f(x) = x^2 + 4x + 4$ **d)** $f(x) = x^2 + \frac{3}{4}x + \frac{9}{64}$

6. **a)** S (2 | 0); $x = 2$ **e)** S (–1 | 0); $x = -1$
b) S (–5 | 0); $x = -5$ **f)** S (0,5 | 0); $x = 0{,}5$
c) S (1,2 | 0); $x = 1{,}2$ **g)** $S\left(-\frac{4}{5} \mid 0\right)$; $x = -\frac{4}{5}$
d) S (–2,5 | 0); $x = -2{,}5$ **h)** S (3 | 0); $z = 3$

7. (1) richtig
(2) - (4) Jeweils in die falsche Richtung verschobener Graph der Normalparabel.

8. (1) $f(x) = (x+87)^2$ (3) $f(x) = x^2 - 250$
(2) $f(x) = (x-37{,}5)^2$ (4) $f(x) = (x+10)^2$

9. **a)** S (34 | 0); der Graph fällt für $x < 34$ und steigt für $x > 34$; $x = 34$; P (34 | 0)
b) S (–65 | 0); der Graph fällt für $x < -65$ und steigt für $x > -65$; $x = -65$; P (–65 | 0)
c) S (d | 0); der Graph fällt für $x < d$ und steigt für $x > d$; $x = d$; P (d | 0)

10. $f(x) = (x-1{,}5)^2$; S (1,5 | 0)

11. Zwei Lösungen: $f_1(x) = (x+1)^2$; $f_2(x) = (x-3)^2$

12. **a)** $f(x) = (x-2)^2$; S(2 | 0) $f(x) = (x+2)^2$; S(–2 | 0)
b) - keine Lösung
c) $f(x) = (x+3)^2$; S(–3 | 0) $f(x) = (x-5)^2$; S(5 | 0)

13. $f(x) = x^2 - 10x + 25 = (x-5)^2$ ist Parabel mit Scheitelpunkt S(5 | 0).

166 **14.** **a)** um 4,5 Einheiten nach rechts

b) um 5,5 Einheiten nach links

c) um 0,1 Einheiten nach rechts

d) um $\frac{1}{2}$ Einheit nach rechts

e) um $\frac{1}{6}$ Einheit nach links

f) um $\frac{6}{5}$ Einheiten nach links

167 **15.** Um 1 nach rechts verschobene Normalparabel:

$y = (x-1)^2$	
x	y
–2	9
–1	4
0	1
1	0
2	1
3	4
4	9

Um 2 nach rechts verschobene Normalparabel:

$y = (x-2)^2$	
x	y
–1	9
0	4
1	1
2	0
3	1
4	4
5	9

Normalparabel

$y = (x-1)^2$	
x	y
–2	9
–1	4
0	1
1	0
2	1
3	4
4	9

Um 4 nach unten verschobene Normalparabel.

$y = x^2 - 4$	
x	y
–3	5
–2	0
–1	–3
0	–4
1	–3
2	0
3	5

Um 3 nach links verschobene Normalparabel.

$y = (x+3)^2$	
x	y
–6	9
–5	4
–4	1
–3	0
–2	1
–1	4
0	9

Um 3 nach oben verschobene Normalparabel.

$y = x^2 + 3$	
x	y
–3	12
–2	7
–1	4
0	3
1	4
2	7
3	12

167 **16.** **a)** $L = \{-7; 3\}$
b) $L = \{-1; 7\}$
c) $L = \{-13; -1\}$
d) $L = \{3; 5\}$
e) $L = \{-2\}$
f) $L = \{3; 7\}$
g) $L = \{\ \}$
h) $L = \{-0{,}9; 2\}$
i) $L = \{-2{,}1; -0{,}3\}$
j) $L = \{1{,}2; 2{,}8\}$
k) $L = \left\{-3-\sqrt{2};\ -3+\sqrt{2}\right\}$
l) $L = \left\{2-2\sqrt{3};\ 2+2\sqrt{3}\right\}$

17. **a)** Kein Element für $r < 0$; ein Element für $r = 0$; zwei Elemente für $r > 0$.
b) Die Lösungsmenge hat zwei Elemente.

18. Der Term links wird mithilfe der 1. binomischen Formel umgeformt. Jetzt kann die Gleichung als reinquadratische Gleichung aufgefasst und gelöst werden. Abschließend wird nach x aufgelöst.

19. **a)** (1) $x^2+8x+16$
(2) $x^2-14x+49$
(3) $x^2+5x+\frac{25}{4}$
(4) $z^2-\frac{7}{2}z+\frac{49}{16}$

b) (1) $(x+6)^2$
(2) $(x-2{,}5)^2$
(3) $(y-3{,}5)^2$
(4) $\left(z-\frac{2}{5}\right)^2$

c) (1) 9
(2) 16
(3) $\frac{9}{4}$
(4) $\frac{1}{9}$

20. **a)** $L = \{-3; 9\}$
b) $L = \{-11; 3\}$
c) $L = \{4\}$
d) $L = \{0{,}4; 1{,}4\}$
e) $L = \{-7; 2\}$
f) $L = \{-0{,}7; 1{,}7\}$
g) $L = \left\{-8-\sqrt{7};\ -8+\sqrt{7}\right\}$
h) $L = \left\{1{,}5-\sqrt{5};\ 1{,}5+\sqrt{5}\right\}$
i) $L = \left\{2{,}5-2\sqrt{2};\ 2{,}5+2\sqrt{2}\right\}$

168 **21.** **a)** Die Seitenlänge betrug vorher 19 m.
b) $(x-4)^2 = 225$; z. B. Die Seitenlänge eines quadratischen Feldes muss um 4 m verkürzt werden, um die Größe von 225 m^2 zu erreichen.

5.3.3 Verschieben der Normalparabel in beliebiger Richtung

170 **3.** **a)** $f(x) = x^2 - 6{,}4x + 8{,}84$
b) $f(x) = x^2 - 2dx + d^2 + e$; $p = -2d$, $q = d^2 + e$

4. **a)** Wenn der Term auf der linken Seite der Gleichung als Quadrat geschrieben werden kann, kann man die quadratische Gleichung lösen. Da das hier nicht der Fall ist, ergänzt man auf beiden Seiten der Gleichung einen Term, sodass das möglich ist.

170

4. b) (1) $x^2 - 8x + 16 = 0$

$(x-4)^2 = 0$

$L = \{4\}$

(2) $x^2 + 5x + 7 = 0$

$(x+2{,}5)^2 = -0{,}75$

$L = \{\ \}$

5. a) d bestimmt die Länge der Verschiebung nach rechts oder links.
e bestimmt die Länge der Verschiebung der Parabel nach oben oder unten.

b) $f(x) = (x-3)^2 + q - 9$

Wenn q = 9, dann S (3 | 0), d. h. der Graph berührt die x-Achse in Punkt 3.
q > 9 bedeutet, der Graph ist nach oben verschoben.
q < 9 bedeutet, der Graph ist nach unten verschoben.

171

6. a) $f(x) = (x-4)^2 + 3 = x^2 - 8x + 19$

b) $f(x) = (x+4)^2 - 3 = x^2 + 8x + 13$

c) $f(x) = (x-2{,}5)^2 - 1 = x^2 - 5x + 5{,}25$

d) $f(x) = (x+1{,}5)^2 + 2 = x^2 + 3x + 4{,}25$

7. a) S (3 | 4); x = 3

b) S (–2 | –1); x = –2

c) S (–2,5 | –4); x = –2,5

d) S (–1 | 1); x = –1

e) $S\left(\frac{1}{2} \mid -3\right)$; $x = \frac{1}{2}$

f) $S\left(3{,}5 \mid \frac{5}{2}\right)$; $x = 3{,}5$

g) $S\left(\frac{3}{5} \mid -2{,}4\right)$; $x = \frac{3}{5}$

h) $S\left(-\frac{11}{2} \mid \frac{1}{2}\right)$; $t = -\frac{11}{2}$

8.

Lage von S	e > 0	e = 0
d < 0	2. Quadrant	x-Achse
d = 0	y-Achse	Koordinatenursprung
d > 0	1. Quadrant	x-Achse

9. a) (1) P_2, P_4, P_5 (2) 5; –1 [4; 0]

b) (1) P_1, P_3, P_5 (2) –1; –5 [keine Stellen]

10. a) $f(x) = (x+2)^2 - 1$

S (–2 | –1)

b) $f(x) = (x-5{,}5)^2$

S (5,5 | 0)

c) $f(x) = (x-1)^2 - 9$

S (1 | –9)

d) $f(x) = (x-2)^2 - 4$

S (2 | –4)

e) $f_1(x) = \left(x+\sqrt{3}\right)^2 - 3$

S (≈ –1,73 | –3)

$f_2(x) = \left(x-\sqrt{3}\right)^2 - 3$

S (≈1,73 | –3)

f) $f(x) = (x-7)^2 - 5$

S (7 | –5)

g) $f(x) = (x-1)^2 + 3$

S (1 | 3)

171

11. **a)** $f(x) = x^2 + 6x + 7 = (x+3)^2 - 2$
Verschiebung der Normalparabel mit neuem Scheitelpunkt S(–3 | –2).
b) -

12. **a)**

x	0	1	2	3	4	5	6	7	8
f(x)	11	4	–1	–4	–5	–4	–1	4	11

Funktionswert ist 0 bei $x = +\sqrt{5} + 4$ und bei $x = -\sqrt{5} + 4$.
Der Graph steigt für $x > 4$.

b)

x	0	1	2	3	4	5	6	7	8
g(x)	10	3	–2	–5	–6	–5	–2	3	10

g(x) hat Scheitelpunkt S(–6 | 4) und f(x) hat Scheitelpunkt S(–5 | 4)

172

13. Achim: Falsch, richtig ist S(1,5 | –4,25).
Bea: Falsch, richtig ist S(–2 | –6).

14. **a)** Verschieben um 2 nach rechts und um 9 nach unten; S (2 | –9).
Der Graph fällt für $x \leq 2$ und steigt für $x \geq 2$.
b) Verschieben um 3 nach links und um 4 nach unten; S (–3 | –4).
Der Graph fällt für $x \leq -3$ und steigt für $x \geq -3$.
c) Verschieben um 2,5 nach rechts und um 1,25 nach unten; S (2,5 | –1,25).
Der Graph fällt für $x \leq 2{,}5$ und steigt für $x \geq 2{,}5$.
d) Verschieben um 4 nach links und um 9 nach unten; S (–4 | –9).
Der Graph fällt für $x \leq -4$ und steigt für $x \geq -4$.
e) Verschieben um 1 nach rechts und um 1 nach unten; S (1 | –1).
Der Graph fällt für $x \leq 1$ und steigt für $x \geq 1$.
f) Verschieben um $\frac{3}{2}$ nach links und um $\frac{7}{4}$ nach oben; $S\left(-\frac{3}{2} \,\middle|\, \frac{7}{4}\right)$.
Der Graph fällt für $x \leq -\frac{3}{2}$ und steigt für $x \geq -\frac{3}{2}$.
g) Verschieben um $\frac{1}{2}$ nach rechts und um $\frac{3}{4}$ nach unten; $S\left(\frac{1}{2} \,\middle|\, -\frac{3}{4}\right)$.
Der Graph fällt für $x \leq \frac{1}{2}$ und steigt für $x \geq \frac{1}{2}$.
h) Verschieben um $\frac{3}{2}$ nach rechts und um 1 nach unten; $S\left(\frac{2}{3} \,\middle|\, -1\right)$.
Der Graph fällt für $v \leq \frac{2}{3}$ und steigt für $v \geq \frac{2}{3}$.

15. **a)** $f(x) = x^2 - 3x + 2{,}75$ **b)** $f(x) = x^2 + 2x$ **c)** $f(x) = x^2 - 6x + 7{,}5$

16. **a)** $f(x) = x^2 + 200x + 10\,034$
b) $f(x) = x^2 + 68x + 1\,171$
c) $f(x) = x^2 - 40x + 400 - p;\ p > 0$
d) $f(x) = x^2 + 2dx + d^2 - p;\ d, p > 0$

172

17. **a)** $f(x) = (x - 4) - 2{,}5$
b) $f(x) = (x + 3) + 3{,}5$
c) $f(x) = (x - 4) - 3$
d) $f(x) = (x - d)^2 + e$

Begründung am Funktionsterm:

$f_0(x) = x^2$

Verschieben um d in Richtung der x-Achse: $f_1(x) = (x - d)^2$

$f_1(x) = (x - d)^2$

Verschieben um e in Richtung der y-Achse: $f(x) = (x - d)^2 + e$

$f_0(x) = x^2$

Verschieben um e in Richtung der y-Achse: $\overline{f_1}(x) = x^2 + e$

$\overline{f_1}(x) = x^2 + e$

Verschieben um d in Richtung der x-Achse: $f(x) = (x - d)^2 + e$

18. Alle Graphen sind Normalparabeln mit verschobenem Scheitelpunkt: Alle Scheitelpunkte liegen bei S(3 | –y). Die Funktionen $f_1(x)$; $f_5(x)$ und $f_6(x)$ lassen sich durch Umformen ineinander überführen.

$f_1(x) = (x - 3)^2 - 25 = x^2 - 6x + 9$ S(3 | –25)

$f_2(x) = x^2 - 6x - 15 = x^2 - 6x + 9 - 24$ S(3 | –24)

$f_3(x) = (x - 3)^2 - 5$ S(3 | –5)

$f_4(x) = x^2 - 6x = x^2 - 6x + 9 - 9$ S(3 | –9)

$f_5(x) = x^2 - 6x - 16 = x^2 - 6x + 9 - 25$ S(3 | –25)

$f_6(x) = (x - 8)(x + 2) = x^2 - 6x - 16$ S(3 | –25)

173

19. -

20. **a)** □ = 4
L = {–7; 3}
b) □ = 16
L = {–3; 11}
c) □ = 30,25
L = {1; 10}
d) □ = 2,25
L = {–7,5; 4,5}
e) □ = 6,25
L = {–4,5; 9,5}
f) □ = 12,15
L = {–7,5; 0,5}

21. **a)** $L = \{-2\sqrt{2};\ 2\sqrt{2}\}$
L = {0; 8}
b) L = { }
L = {–8; 0}
c) L = {–7; 1}
L = {–9; 1}
d) L = {1; 3}
L = {–1; 4}
e) L = {–1; 5}
L = {1; 4}
g) L = {–2; 10}
L = {–8; 2}
h) L = {–8; –4}
L = {0,2; 2}
i) L = {0,2; 1}
L = {–2,2; 1}
j) L = { }
L = {–5; 1}
k) $L = \{2{,}5 - \sqrt{10{,}25};\ 2{,}5 + \sqrt{10{,}25}\}$
$L = \{-2{,}5 - \sqrt{10{,}25};\ -2{,}5 + \sqrt{10{,}25}\}$

173 **21.** **f)** L = {−4; −1}
L = { }

l) L = {−0,6; 1}
L = {−0,4; 1}

22. **a)** L = {−2,8; 5,8} **b)** L = {1; 2} **c)** L = {0; 2}

23. **a)** Durch Änderung des Suchbereiches auf rechts bzw. links von der gefundenen Lösung.
b) (1) L = {1,54; −4,54} (3) L = {−1,81; 1,11}
(2) L = {−0,62; 1,62} (4) L = {−1,12; 2,42}

174 **24.** **a)** L = {−18; −2}
b) L = {−10}
c) L = { }
d) L = {−25; 5}
e) L = {1; 6}
f) L = { }
g) L = {−0,5; 11,5}
h) $L = \left\{-6-\sqrt{3};\ -6+\sqrt{3}\right\}$
i) L = {−20; −1}
j) $L = \left\{1{,}5-\sqrt{2};\ 1{,}5+\sqrt{2}\right\}$
k) L = {−10; 2}
l) L = {−4}

25. $(x+3)^2 - 3^2 = 567$ mit $x \geq 0$, L = {21} x = 21 m

26. **a)** (1) P (−2 | 1)
(2) $P_1\left(\frac{1}{3} \mid \frac{16}{9}\right)$, $P_2\,(-3 \mid 4)$
(3) – (keine gemeinsamen Punkte)
b) (1) – (keine gemeinsamen Punkte)
(2) $P_1\,(3 \mid 0)$, $P_2\left(\frac{7}{3} \mid \frac{4}{9}\right)$
(3) P (3,5 | 0,25)

27. *Zum Beispiel:*
a) (1) y = 3 (2) y = 0 (3) y = −3
b) (1) y = 3 (2) y = 0 (3) y = −3
c) (1) y = 0 (2) y = −3 (3) y = −6
d) (1) y = 0 (2) y = −2 (3) y = −6

28. **a)**

(1) 1. Zeile 1. Bild	wegen Gerade y = 4
(2) 1. Zeile 2. Bild	wegen Normalparabel $y = x^2$
(3) 2. Zeile 3. Bild	wegen Gerade y = −12
(4) 1. Zeile 3. Bild	y = −8x schneidet den Punkt (0 | 0)
(5) 2. Zeile 2. Bild	wegen Gerade y = 0
(6) 2. Zeile 1. Bild	wegen Gerade y = 1

b) Alle Gleichungen haben dieselbe Lösungsmenge L = {−6; −2}

29. *Zum Beispiel:*
$x^2 - 4x - 5 = 0$
$x^2 = 4x + 5$
$x^2 - 5 = 4x$

174 **30.** Die Lösungsmenge kann grafisch oder mittels quadratischer Ergänzung rechnerisch ermittelt werden.

5.4 Strecken und Spiegeln der Normalparabel

177 **3. a)** Alle Graphen sind symmetrisch zur y-Achse.

b) Die Graphen zu f_2 und f_4 haben den Scheitelpunkt als höchsten Punkt, die Graphen zu f_1 und f_3 haben den Scheitelpunkt als tiefsten Punkt.

c) Die Graphen zu f_1 und f_3 sind nach oben, die zu f_2 und f_4 nach unten geöffnet.

d) Die Graphen zu f_1 und f_3 fallen für $x \leq 0$ und steigen für $x \geq 0$.
Die Graphen zu f_2 und f_4 steigen für $x \leq 0$ und fallen für $x \geq 0$.

4. a) (1) Die Graphen zu f_3 und f_4 sind steiler. Der Graph zu f_1 ist flacher als die Normalparabel.
(2) Wenn a größer ist, ist der Graph steiler.

b) (1) Die Graphen zu f_3 und f_4 sind steiler. Der Graph zu f_1 ist flacher als die gespiegelte Normalparabel.
(2) Wenn a größer ist, ist der Graph flacher.

178 **5.** $50x = 8$; $x = 0{,}16$ (Fläche einer Fliese in m^2)

6. Alle Graphen haben den gleichen Scheitelpunkt S (0 | 0) und sind symmetrisch zur y-Achse. Wenn $a < 0$ öffnet sich die Parabel nach unten, für $a > 0$ nach oben.

7.

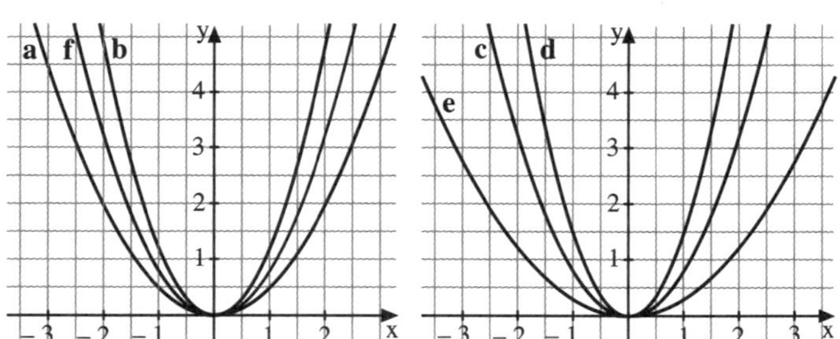

178 **8.** a)

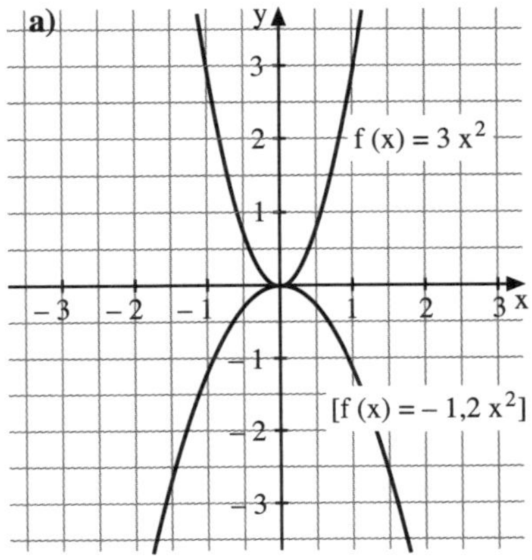

b)

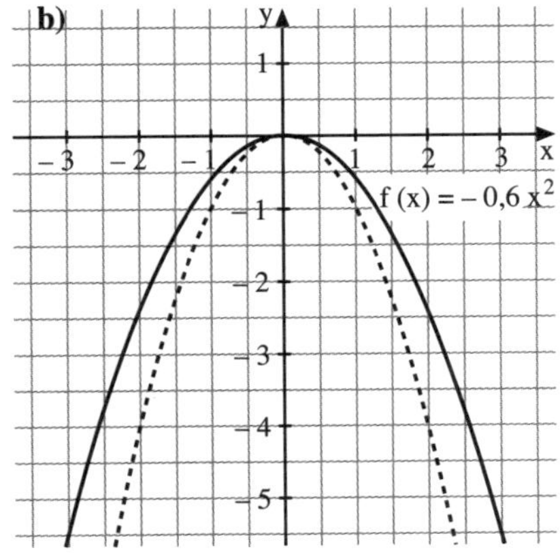

179 **9.** **a)** Es werden die Funktionswerte für x an der Stelle 0, 1, –1, 2, –2 berechnet und markiert. Anschließend wird eine Kurve durch diese Punkte gelegt.

b)

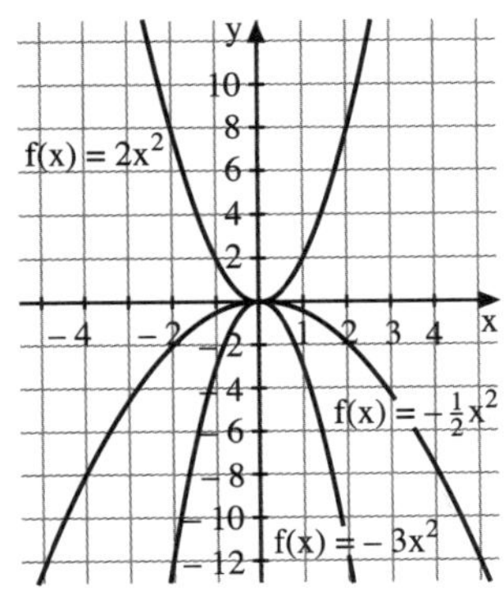

10. Streckung der Normalparabel mit dem Streckfaktor:
a) –2,5 **b)** 0,8 **c)** –0,7 **d)** 1,8
Eigenschaften der Graphen:
a) und **c)**: Der Graph ist nach unten geöffnet, er steigt an im 3. Quadranten und fällt im 4. Quadranten.
b) und **d)**: Der Graph ist nach oben geöffnet, er fällt im 2. Quadranten und steigt im 1. Quadranten.

11. **a)** (1) P_1, P_3 (2) ±0,5 [–; ±0,75; –; 0]
b) (1) P_1, P_5 (2) – [±2; –; ±3; 0]
c) (1) P_1, P_2 (2) – $\left[\pm\frac{2}{3};\ –;\ \pm 1;\ 0\right]$
d) (1) P_1 (2) $\pm\frac{5}{3}$ [–; ±2,5; –; 0]

12. **a)** –1 **b)** 5 **c)** $-\frac{1}{15}$ **d)** $-\frac{1}{4}$

13. **a)** $f(x) = 1{,}5 \cdot x^2$ **c)** $f(x) = \frac{3}{4}x^2$
b) $f(x) = -0{,}5 \cdot x^2$ **d)** $f(x) = -x^2$

179 **14.** **a)** $y = 1{,}5x^2$

b) $y = 0{,}75x^2$

c) $y = -\frac{5}{8}x^2$

d) $y = 0{,}5x^2$

e) $y = -\frac{14}{9}(x + 1{,}5)^2 + 3{,}5$

f) $y = -\frac{1}{4}x^2$

180 **15.** $f(x) = -\frac{69}{6400}x^2 + 69$

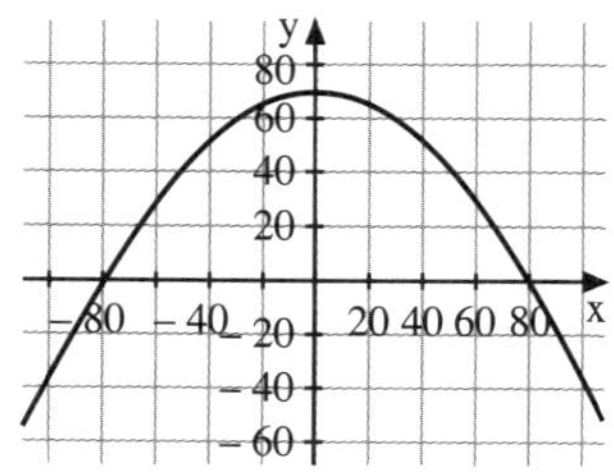

16. **a)** 1,25 m; 5 m; 11,25 m; 20 m; 31,25 m; 45 m
b) 7,16 s; 5,67 s; 8 s; 10,52 s; 8,54 s; 9,43 s; 9,4 s
(Werte gerundet)

17. **a)** 0,25 m; 1 m; 2,25 m; 4 m; 6,25 m
b) (1) 1 s; (2) 1,73 s; (3) 3,16 s; (4) 4,9 s
(Werte gerundet)

181 **18.** **a)** Z. B. $f(x) = 2x^2$

b) Z. B. $f(x) = -0{,}5x^2$

c) $f(x) = 0{,}2x^2$

d) Z. B. $f(x) = -2x^2$

19. f(x) = g(x), beide entsprechen der Normalparabel.
h(x) entspricht der Spiegelung der Normalparabel an der x-Achse.

20. **a)** $f_1(x) = 0{,}5x^2$; $f_2(x) = 0{,}5x^2 + 3$; $f_3(x) = 0{,}5x^2 - 5$

b) Durch Verschieben (3 nach oben bzw. 5 nach unten) von $f_1(x)$

c) gemeinsam: Symmetrieachse x = 0, fallend für x < 0, steigend für x > 0
unterschiedlich: Scheitelpunkt

d) $f(x) = ax^2 + c$

21. Strecken in Richtung der y-Achse mit dem Faktor $\frac{1}{4}$;

$f(x) = \frac{1}{4}x^2$

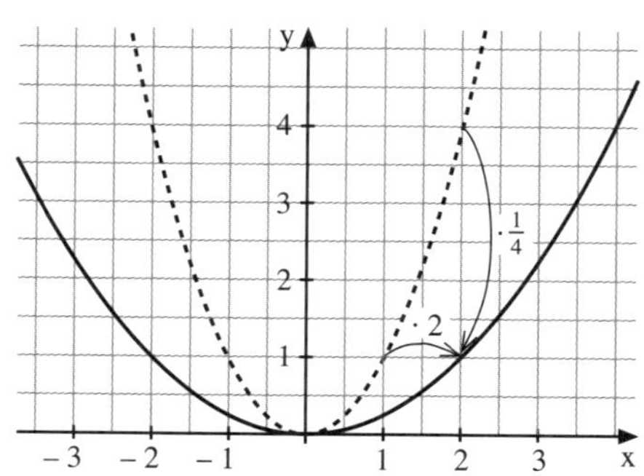

181

22. **a)** L = {–2,5; 2,5} **e)** L = {0} **i)** $L = \left\{-3\sqrt{10};\ 3\sqrt{10}\right\}$

b) L = {–0,2; 0,2} **f)** L = {–1,5; 1,5} **j)** L = {–4; 4}

c) L = {–2; 2} **g)** L = { } **k)** L = {–1; 1}

d) L = {–10; 10} **h)** L = {–5; 5} **l)** L = {–4; 4}

23. $s = 3t^2$; s = (3 500 – 700) m = 2 800 m; t = 30,55… s

Die Fallzeit beträgt ungefähr 30 Sekunden. Wenn man hier auf 31 Sekunden rundet, wird der Fallschirm eventuell etwas zu spät geöffnet.

5.5 Strecken und Verschieben der Normalparabel

183

2. **a)** $f(x) = 3(x-1)^2 + 3$; S (1 | 3); x = 1

Verschieben um 1 nach rechts, Strecken in Richtung der y-Achse mit dem Faktor 3, Verschieben um 3 nach oben.

b) $f(x) = -\frac{1}{4}\left(x - \frac{1}{2}\right)^2 - \frac{15}{16}$; $S\left(\frac{1}{2}\ \middle|\ -\frac{15}{16}\right)$; $x = \frac{1}{2}$

Verschieben um $\frac{1}{2}$ nach rechts, Strecken in Richtung der y-Achse mit dem Faktor $\left(-\frac{1}{4}\right)$, Verschieben um $\frac{15}{16}$ nach unten.

c) $f(x) = a\left(x + \frac{b}{2a}\right)^2 + c - \frac{b^2}{4a}$; $S\left(-\frac{b}{2a}\ \middle|\ c - \frac{b^2}{4a}\right)$; $x = -\frac{b}{2a}$

Verschieben um $-\frac{b}{2a}$ in Richtung der x-Achse, Strecken in Richtung der y-Achse mit dem Faktor a, Verschieben in Richtung der y-Achse um $c - \frac{b^2}{4a}$.

3. **a)**

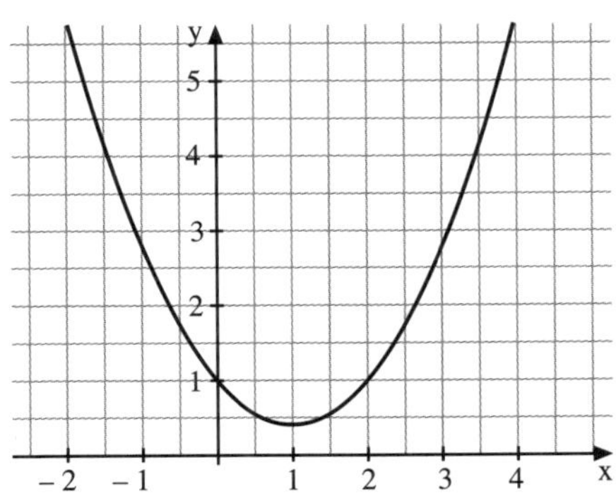

$f_1(x) = 0{,}6(x-1)^2 + 0{,}4$

S (1 | 0,4)

183 **3. a)** Fortsetzung

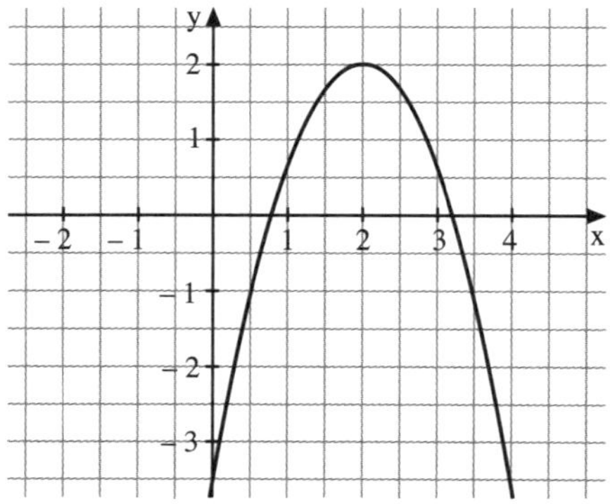

$f_2(x) = -1{,}4(x-2)^2 + 2$

S (2 | 2)

b) Wenn a > 0 ist, ist die Parabel nach oben geöffnet;
wenn a < 0 ist, ist die Parabel nach unten geöffnet.

184 **4.** $x^2 - 5x - 14 = 0$ L = {–2; 7}

5. $f(x) = (x-3)^2 + 2$

3 Einheiten nach rechts und 2 Einheiten nach oben verschieben.

6. a)

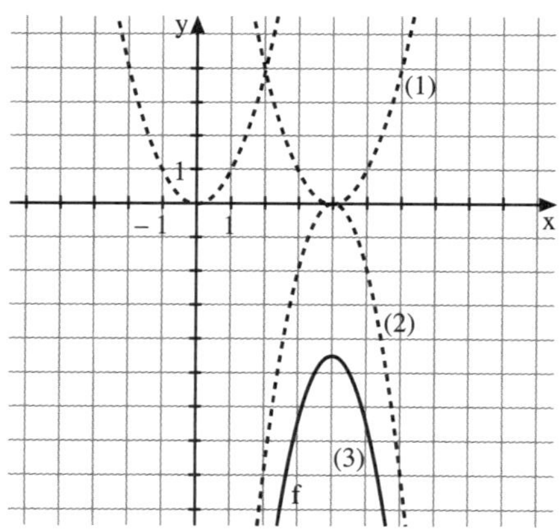

S (4 | –4,5);

$f(x) = -2(x-4)^2 - 4{,}5$

b)

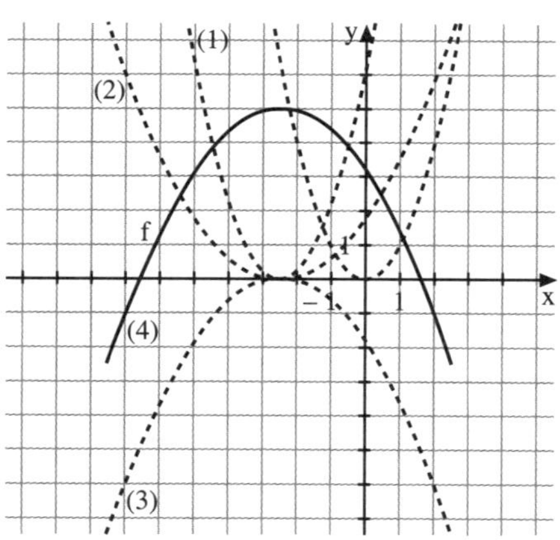

S (–2,5 | 5);

$f(x) = -0{,}3(x+2{,}5)^2 + 5$

184

7. a) $f(x) = -1{,}5x^2 - 3x + 2{,}5$; S (–1 | 4); x = –1

b) (1) $f(x) = -1{,}5x^2 - 3x - 7{,}5$; S (–1 | –6); x = –1

(2) $f(x) = -1{,}5x^2 - 3x - 7{,}5$; S (–1 | –6); x = –1

(3) $f(x) = -1{,}5x^2 - 3x - 7{,}5$; S (–1 | –6); x = –1

(4) $f(x) = -1{,}5x^2 - 3x + 2{,}5$; S (–1 | 4); x = –1

(5) $f(x) = -1{,}5x^2 - 3x - 2{,}5$; S (–1 | –1); x = –1

185

8. Vertauschbar sind die Paare: (1), (2)
(1), (3)
(1), (4)
(3), (4)

Nicht vertauscht werden dürfen: (2), (3)
(3), (4)

9. a) (1) Verschieben um 2,5 nach rechts.
(2) Strecken in Richtung der y-Achse mit dem Faktor 3.
(3) Verschieben um 4,5 nach unten.
$f(x) = 3x^2 - 15x + 14{,}25$

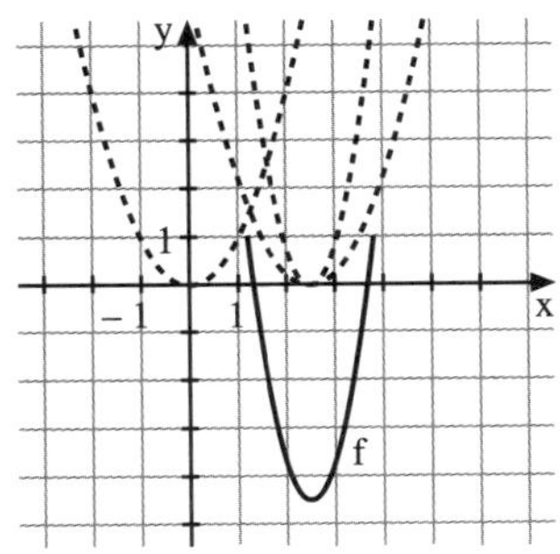

b) (1) Verschieben um 3 nach links.
(2) Strecken in Richtung der y-Achse mit dem Faktor (–0,2).
(3) Verschieben um 1 nach oben.
$f(x) = -0{,}2x^2 - 1{,}2x - 0{,}8$

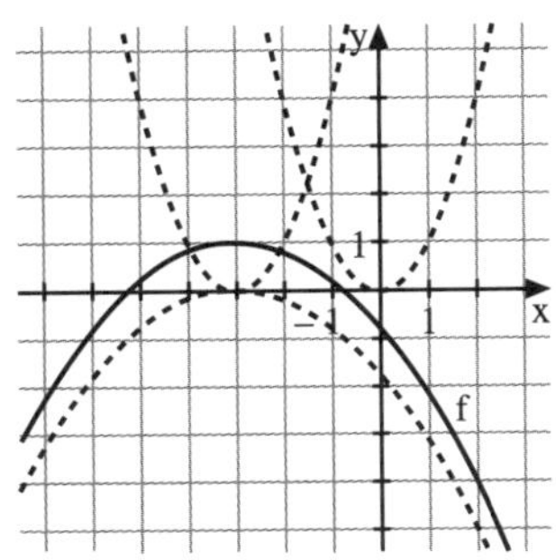

c) (1) Strecken in Richtung der y-Achse mit dem Faktor (–1,5).
(2) Verschieben um 2 nach unten.
$f(x) = -1{,}5x^2 - 2$

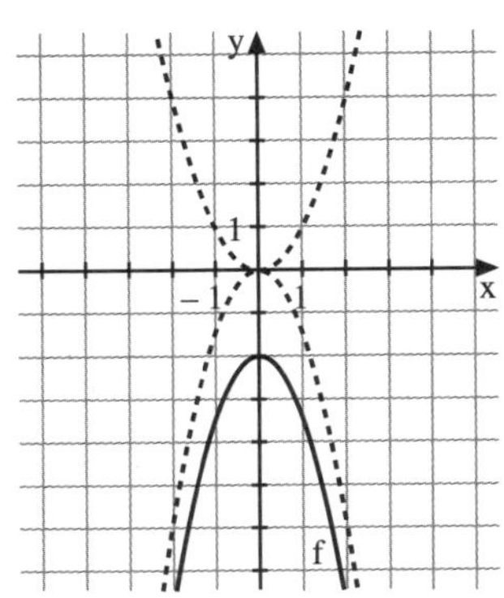

185

10. **a)** Wie Aufgabe 9 a) Seite 179 aber ausgehend vom Scheitelpunkt S (3 | –1).

b) (1) $g(x) = 2(x+1)^2 + 3$

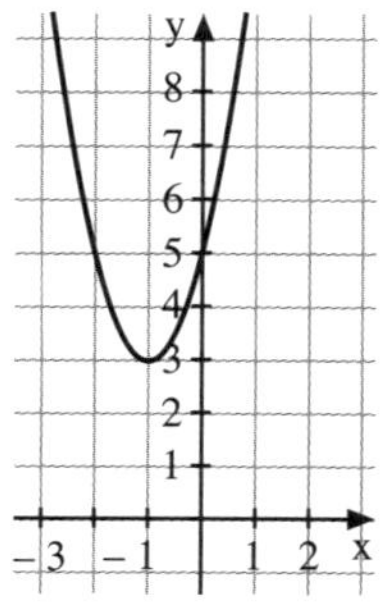

(2) $h(x) = -\frac{3}{2}(x+4)^2 - 3$

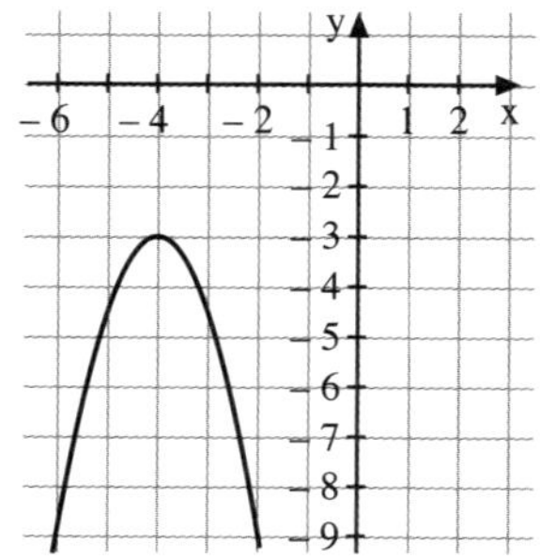

(3) $k(x) = -(x+1)^2 - 2$

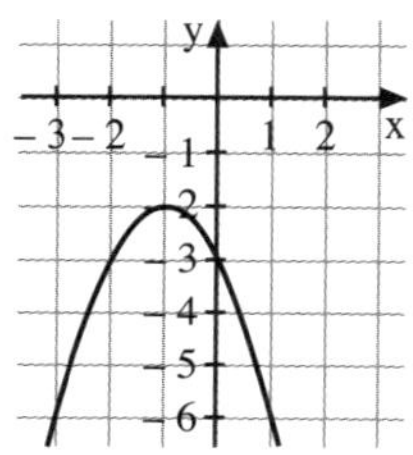

(4) $l(x) = -\frac{1}{2}(x+2)^2 + 1$

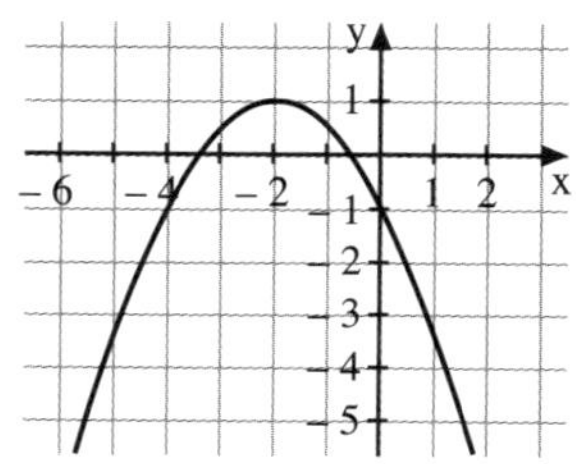

11. **a)** $f(x) = 1{,}5x^2 - 9x + 12{,}5$; S ist tiefster Punkt.

b) $f(x) = -0{,}64x^2 - 3{,}2x - 1$; S ist höchster Punkt.

c) $f(x) = \frac{x^2}{16} - \frac{3}{16}x + \frac{9}{64}$; S ist tiefster Punkt.

12. **a)** $f(x) = \frac{1}{2}(x-5)^2 - \frac{9}{2}$; S (5 | –4,5); nach oben geöffnet

b) $f(x) = -2(x-1{,}5)^2 + 2$; S (1,5 | 2); nach unten geöffnet

c) $f(x) = \frac{3}{2}\left(x - \frac{8}{3}\right)^2 - \frac{49}{6}$; $S\left(\frac{8}{3} \,\middle|\, -\frac{49}{6}\right)$; nach oben geöffnet

d) $f(x) = -3(x+1)^2 + 12$; S (–1 | 12); nach unten geöffnet

e) $f(x) = -3(x-1)^2 + 8$; S (1 | 8); nach unten geöffnet

f) $f(x) = \frac{1}{2}(x+5)^2 - \frac{25}{2}$; $S\left(-5 \,\middle|\, -\frac{25}{2}\right)$; nach oben geöffnet

g) $f(x) = (x-2)^2 - 0{,}5$; S (2 | –0,5); nach oben geöffnet

h) $f(x) = -\left(x - \frac{1}{6}\right)^2 + \frac{1}{36}$; $S\left(\frac{1}{6} \,\middle|\, \frac{1}{36}\right)$; nach unten geöffnet

i) $f(z) = -1{,}5(z+2)^2 - 1{,}5$; S (–2 | –1,5); nach unten geöffnet

185

13. Anna: falsch, richtig ist S (–3 | –4)
Boris: falsch, richtig ist S (2 | –10)
Corina: richtig
David: falsch, richtig ist S (0 | 1)

186

14. **a)** S (1 | 2); P_1, P_3, P_4
b) S (2 | 1); P_2, P_4, P_5
c) $S\left(-\frac{1}{6} \;\middle|\; -\frac{1}{24}\right)$; P_3, P_5, P_6

15. Faktor $a = \frac{1}{4}$; $f_1(x) = \frac{1}{4}(x+2)^2$

16. **a)** $f(x) = x^2 + 1$
b) $f(x) = x^2 + 0{,}5$
c) $f(x) = (x+1)^2(-1) = -x^2 - 2x - 1$
d) $f(x) = (-1)(x-1)^2 + 3 = -x^2 + 2x + 2$
e) $f(x) = (x-1)^2 - 1 = x^2 - 2x$
f) $f(x) = -\frac{14}{45}(x-3)^2 + 2{,}8 = -\frac{14}{45}x^2 + \frac{28}{15}x$

17. **a)** Z. B. $f(x) = -2 \cdot (x-4)^2 - 4$
b) Z. B. $f(x) = 0{,}5(x-12)^2 + 8$
c) Z. B. $f(x) = 4(x+9{,}8)^2 + 4$
d) Z. B. $f(x) = (x-4)^2$

18. $f_1(x) = -\frac{1}{2}(x+3{,}5)^2 + 4{,}5$

$f_2(x) = -\frac{1}{2}(x-3{,}5)^2 + 4{,}5$

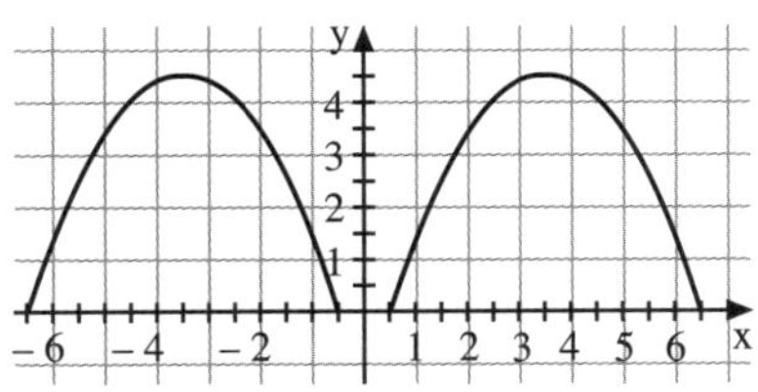

19. $f(x) = x^2 - 4x + 5$

187

20. **a)** L = {–7; –1}
b) L = {–3; 2}
c) L = {–14; 2}
d) L = {–6; –4}
e) $L = \left\{\frac{1}{3};\ \frac{7}{3}\right\}$
f) L = {6; 9}

21. **a)** L = {2; 12}
b) L = {1; 3}
c) L = {–20; 5}
d) L = {4; 10}
e) L = {–17; 2}
f) L = {0,6; 1}
g) L = { }
h) L = {–1,4}
i) L = {1; 2,4}

22. **a)** Bei ungefähr 107 $\frac{km}{h}$ beträgt der Benzinverbrauch 7 ℓ pro 100 km.
b) Die Geschwindigkeit muss um 10 $\frac{km}{h}$ gesenkt werden.

187 **23.** Micha spritzt ungefähr 7,2 m weit.

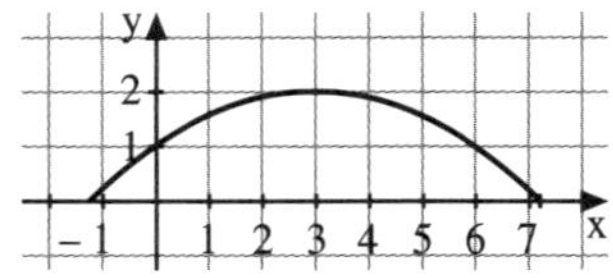

24. **a)**

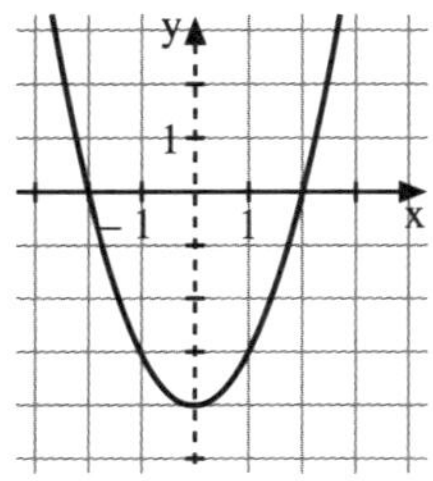

Nullstellen: –2; 2

b)

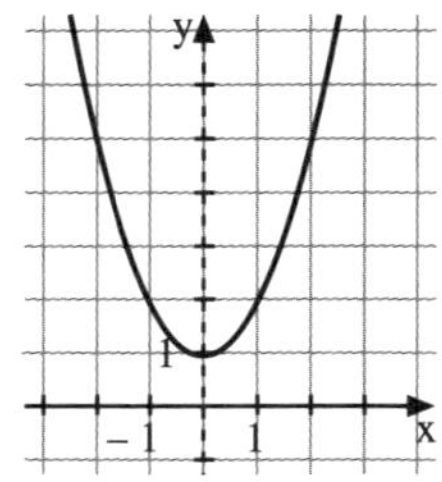

keine Nullstelle

c)

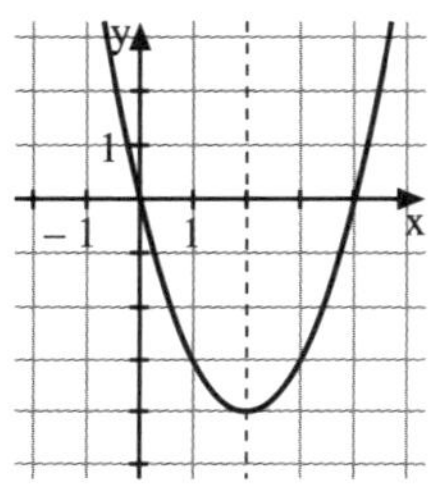

Nullstellen: 0; 4

d)

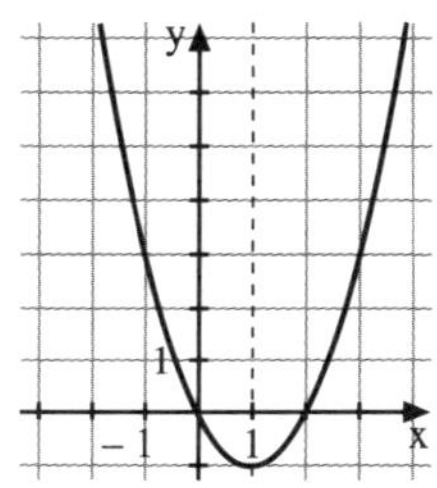

Nullstellen: 0; 2

e)

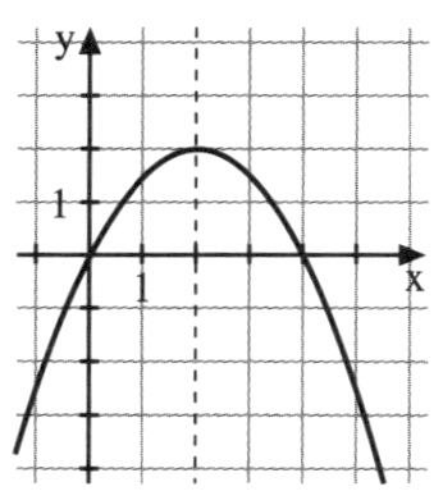

Nullstellen: 0; 4

f)

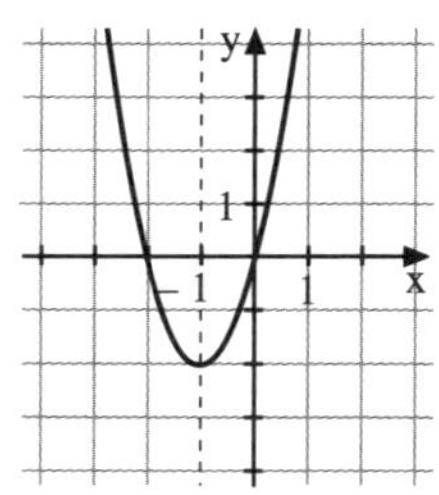

Nullstellen: –2; 0

g)

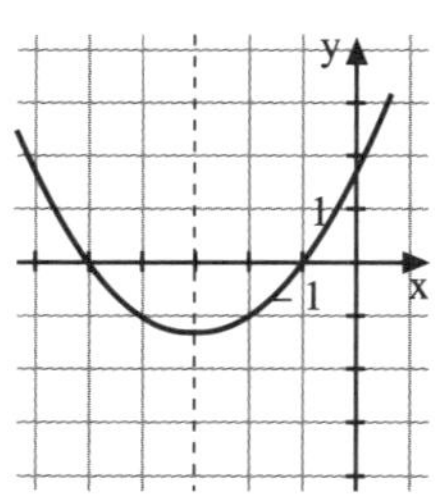

Nullstellen: –5; –1

h)

Nullstellen: $2-\sqrt{6} \approx -0{,}45$; $2+\sqrt{6} \approx 4{,}45$

187 **25.** **a)** Nullstellen: x = 9 und x = 1
(1) x = 5
(2) nach oben geöffnet; tiefster Punkt S (5 | –16)
(3) P_1 (0 | 9) und P_2 (10 | 9)

b) Nullstelle: x = –3
(1) x = –3
(2) nach oben geöffnet; tiefster Punkt S (–3 | 0)
(3) P_1 (0 | 9) und P_2 (–6 | 9)

c) Nullstellen: x = –6 und x = –2
(1) x = –4
(2) nach oben geöffnet; tiefster Punkt S (–4 | –3)
(3) P_1 (0 | 9) und P_2 (–8 | 9)

d) Nullstellen: x = 2,5 und x = 0,5
(1) x = 1,5
(2) nach unten geöffnet; höchster Punkt S (1,5 | 2)
(3) P_1 (0 | –2,5) und P_2 (3 | –2,5)

e) Nullstellen: x = 0,4 und x = –3,6
(1) x = –1,6
(2) nach oben geöffnet; tiefster Punkt S (–1,6 | –4)
(3) P_1 (0 | –1,44) und P_2 (–3,2 | –1,44)

f) Nullstellen: x = 2,7 und x = –0,3
(1) x = 1,2
(2) nach oben geöffnet; tiefster Punkt S (1,2 | –2,25)
(3) P_1 (0 | –0,81) und P_2 (2,4 | –0,81)

g) Nullstellen: $x = -\frac{5}{2} + \sqrt{11{,}25}$ und $x = -\frac{5}{2} - \sqrt{11{,}25}$
(1) $x = -\frac{5}{2}$
(2) nach oben geöffnet; tiefster Punkt $S\left(-\frac{5}{2} \mid -6{,}75\right)$
(3) P_1 (0 | –3) und P_2 (–5 | –3)

h) Nullstellen: $x = \frac{9}{2} + \sqrt{44{,}25}$ und $x = \frac{9}{2} - \sqrt{44{,}25}$
(1) x = 4,5
(2) nach unten geöffnet; höchster Punkt S (4,5 | 29,5)
(3) P_1 (0 | 6) und P_2 (9 | 16)

i) Nullstellen: t = 0 und t = 4
(1) t = 2
(2) nach oben geöffnet; tiefster Punkt S (2 | –1)
(3) P_1 (0 | 0) und P_2 (4 | 0)

188 **26.** **a)** -
b) -

188 **26. c)** (1) S (–3,25 | –44,12); $x_1 \approx 1{,}45$; $x_2 \approx -7{,}95$; der Graph fällt für $x < -3{,}25$ und steigt für $x > -3{,}25$; $x = -3{,}25$.

(2) S (–69,56 | –123,50); $x_1 \approx 3{,}71$; $x_2 \approx -142{,}84$; der Graph fällt für $x < -69{,}56$ und steigt für $x > -69{,}56$; $x = -69{,}56$.

(3) S (0,057 | 0,743); $x_1 \approx 0{,}17$; $x_2 \approx -0{,}06$; der Graph steigt für $x < 0{,}057$ und fällt für $x > 0{,}057$; $x = 0{,}057$.

(4) S (0,06 | 106,16); es gibt keine Schnittpunkte; der Graph fällt für $x < 0{,}06$ und steigt für $x > 0{,}06$; $x = 0{,}06$.

27. a) $r < 16$ **b)** $r = 16$ **c)** $r > 16$

28. a) Der Graph steigt für $x \geq 1$ und fällt für $x \leq 1$.
Der Graph liegt oberhalb der x-Achse für $x < -5$ oder $x > 7$;
er liegt unterhalb der x-Achse für $-5 < x < 7$.

b) Der Graph steigt für $x \leq -2{,}5$ und fällt für $x \geq -2{,}5$.
Der Graph liegt oberhalb der x-Achse für $-3{,}5 < x < -1{,}5$;
er liegt unterhalb der x-Achse für $x < -3{,}5$ oder $x > -1{,}5$.

c) Der Graph steigt für $x \leq -10$ und fällt für $x \geq -10$.
Der Graph liegt oberhalb der x-Achse für $-12{,}5 < x < -7{,}5$;
er liegt unterhalb der x-Achse für $x < -12{,}5$ oder $x > -7{,}5$.

d) Der Graph steigt für $x \leq 22{,}5$ und fällt für $x \geq 22{,}5$.
Der Graph liegt oberhalb der x-Achse für $20 < x < 25$;
er liegt unterhalb der x-Achse für $x < 20$ oder $x > 25$.

e) Der Graph steigt für $x \leq -2$ und fällt für $x \geq -2$.
Der Graph liegt oberhalb der x-Achse für $-2-\sqrt{5} < x < -2+\sqrt{5}$;
er liegt unterhalb der x-Achse für $x < -2-\sqrt{5}$ oder $x > -2+\sqrt{5}$.

f) Der Graph steigt für $v \geq 5$ und fällt für $v \leq 5$.
Der Graph liegt überall oberhalb der x-Achse.

29. a) Ungefähr 53,7 m.

b) (1) Ungefähr 75,9 m $\left(= 53{,}7 \cdot \sqrt{2}\right)$

(2) Ungefähr 107,3 m (= 53,7 · 2)
Doppelte Geschwindigkeit verdoppelt die Entfernung.
Doppelte Höhe erhöht die Entfernung nur um den Faktor $\sqrt{2}$ (≈ 1,4).

30. -

Im Blickpunkt: Bremsen und Anhalten von Fahrzeugen

189

1. a)

	25 $\frac{km}{h}$	50 $\frac{km}{h}$	100 $\frac{km}{h}$	130 $\frac{km}{h}$
trocken: 8	3,0	12,0	48,1	81,3
nass: 4	6,0	24,0	96,2	162,5
schneebedeckt: 2	12,0	48,1	192,3	325,0
vereist: 1	24,0	96,2	384,6	650,0
Pkw: 8	3,0	12,0	48,1	81,3
Pkw mit ABS: 9,6	2,5	10,0	40,1	67,7
Motorrad, Roller: 5,8	4,1	16,6	66,3	95,5
Fahrrad: 3,2	7,5	30,0	-	-
Faustformel	6,3	25,0	100,0	169,0

(Bremsweg in Meter)

b) Der Bremsweg vervierfacht sich bei Verdoppelung der Geschwindigkeit:

$$s_B = \frac{(2 \cdot v)^2}{26 \cdot a} = \frac{4 \cdot v^2}{26 \cdot a} = 4 \cdot \frac{v^2}{26 \cdot a}$$

190

2. Die Faustformel entspricht etwa der Bremsweglänge S_B mit einem Verzögerungswert a = 4 für nasse Bahnen.

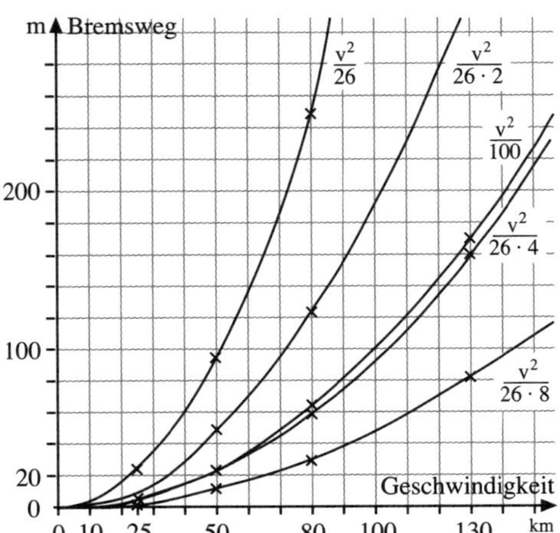

3. a)

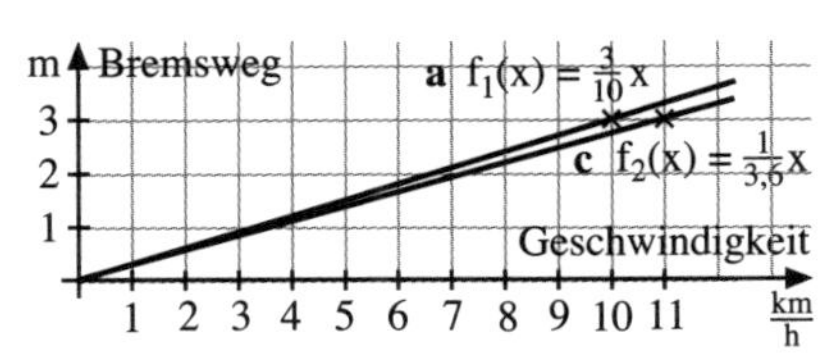

b) 13,9 m

190

3. c) $S_R\,(\text{in m}) = v\,\frac{\text{km}}{\text{h}} \cdot 1\text{ s} = v\,\frac{1\,000\text{ m}}{3\,600\text{ s}} \cdot 1\text{ s} = \left(\frac{1\,000}{3\,600} \cdot v\right)\text{m}$

$S_R\,(\text{in m}) = \left(\frac{1}{3{,}6} \cdot v\right)\ [\text{in m}]$

S_R ist der Weg, den man bei einer Geschwindigkeit von v (in $\frac{\text{km}}{\text{h}}$) in einer Sekunde zurücklegt, d. h. $S_R = v\left(\text{in } \frac{\text{km}}{\text{h}}\right) \cdot 1\ (\text{in s})$.

Nun muss man km pro Stunde in Meter pro Sekunde umrechnen und man erhält $S_R\ (\text{in m}) = \frac{v\left(\text{in } \frac{\text{km}}{\text{h}}\right)}{3{,}6}$.

4. a) Für den Reaktionsweg gilt: $S_R\ (\text{in m}) = \frac{v\left(\text{in } \frac{\text{km}}{\text{h}}\right)}{3{,}6}$

Für den Bremsweg gilt:

$S_B\ (\text{in m}) = \frac{\left(v \text{ in } \frac{\text{km}}{\text{h}}\right)^2}{a \cdot 26} = b \cdot \left(v \text{ in } \frac{\text{km}}{\text{h}}\right)^2$ mit $b = \frac{1}{26 \cdot a}$

Damit folgt für den Anhalteweg:

$S_A\ (\text{in m}) = S_R\ (\text{in m}) + S_B\ (\text{in m})$

$= \frac{1}{3{,}6}\left(v \text{ in } \frac{\text{km}}{\text{h}}\right) + b \cdot \left(v \text{ in } \frac{\text{km}}{\text{h}}\right)^2$ wobei $b = \frac{1}{26 \cdot a}$

Graph siehe Lösung zu Teilaufgabe c).

b) (1) $a = 8;\ b = \frac{1}{26 \cdot 8}$ $\quad f_1(v) = \frac{1}{3{,}6} v + \frac{1}{26 \cdot 8} \cdot v^2$

(2) $a = 4;\ b = \frac{1}{26 \cdot 4}$ $\quad f_2(v) = \frac{1}{3{,}6} v + \frac{1}{26 \cdot 4} \cdot v^2$

c) $f(v) = \frac{1}{3{,}6} \cdot v + \frac{1}{26 \cdot a} \cdot v^2$

Fahrrad:
$a = 3{,}2$
$v = 15\ \frac{\text{km}}{\text{h}}$
$f(v) = 6{,}9$ m

Roller:
$a = 5{,}8$
$v = 25\ \frac{\text{km}}{\text{h}}$
$f(v) = 11{,}1$ m
$v = 50\ \frac{\text{km}}{\text{h}}$
$f(v) = 30{,}5$ m

Pkw:
$a = 8$
$v = 80\ \frac{\text{km}}{\text{h}}$
$f(v) = 53{,}0$ m
$v = 100\ \frac{\text{km}}{\text{h}}$
$f(v) = 75{,}8$ m
$v = 130\ \frac{\text{km}}{\text{h}}$
$f(v) = 117{,}3$ m

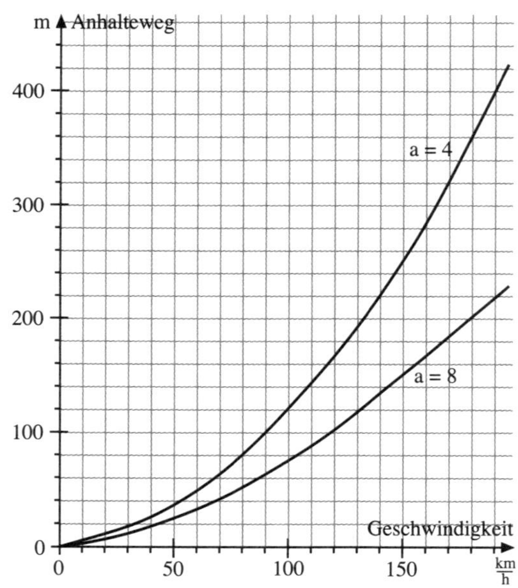

Anmerkung: Nur die Werte für den Pkw lassen sich im Graphen von 3 b) (1) ablesen

190 **4. d)** Der Anteil des Reaktionsweges wird mit steigender Geschwindigkeit immer geringer.

5. a) $S_R + S_B = 6{,}9\text{ m}$ mit $a_F = 3{,}2$ $\qquad S_B = 0{,}9\text{ m}$ mit $a_{Pkw} = 9{,}6$

Theoretisch würde ein Sicherheitsabstand von (6,9 – 0,9) m = 6,0 m genügen. (Praktisch sollte der Sicherheitsabstand mindestens so groß wie der Anhalteweg sein, z. B. könnte der Pkw auf ein Stauende auffahren und sofort zum Stehen kommen.)

b) $S_R + S_B = 11{,}1\text{ m}$ mit $a_R = 5{,}8$ $\qquad S_B = 2{,}5\text{ m}$ mit $a_{Pkw} = 9{,}6$

Theoretisch würde ein Sicherheitsabstand von (11,1 – 2,5) m = 8,6 m genügen.

5.6 Optimierungsprobleme mit quadratischen Funktionen

192 **1.** $f(x) = -2x^2 + 19x = -2(x - 4{,}75)^2 + 45{,}125;$ $\qquad$ S (4,75 | 45,125)

2. a) -

b) (1) S (1,75 | –3,125) $\qquad$ (4) S (–2,5 | –7,25)

(2) S (1,33 | 0,33) $\qquad$ (5) S (–3 | 11)

(3) S (3 | 4) $\qquad$ (6) S (–0,44 | –3,15)

3. a) Zum Beispiel: $f(x) = x^2 - 4$ $\qquad$ **b)** Zum Beispiel: $f(x) = x^2 + 4$

193 **4. a)** 3 m und 1,50 m $\qquad$ **b)** 3 m und 3 m

5. a) Nullstellen: –1; 5 $\qquad$ Tiefpunkt S (2 | –9)

b) Nullstellen: 0; 5 $\qquad$ Hochpunkt S (2,5 | 6,25)

c) Nullstellen: 0; –3,5 $\qquad$ Tiefpunkt S (–1,75 | –6,125)

d) keine Nullstelle $\qquad$ Hochpunkt S (3 | –3,25)

e) Nullstellen: –5; 3,2 $\qquad$ Hochpunkt S (–0,9 | 8,405)

f) Nullstellen: $-\frac{5}{3}$; 3 $\qquad$ Tiefpunkt $S\left(\frac{2}{3} \mid -\frac{49}{3}\right)$

g) Nullstellen: $-1-\sqrt{5};\ -1+\sqrt{5}$ $\qquad$ Hochpunkt S (–1 | 1)

h) Nullstellen: $6-\sqrt{48};\ 6+\sqrt{48}$ $\qquad$ Hochpunkt S (6 | 16)

i) Nullstellen: $\frac{-1+\sqrt{41}}{8};\ \frac{-1-\sqrt{41}}{8}$ $\qquad$ Hochpunkt $S\left(-\frac{1}{8} \mid \frac{41}{160}\right)$

6.

a)	(1) –13; –3	[–15; –1]	(2) –8
b)	(1) 5; 9	[6; 8]	(2) 7
c)	(1) –6; 10	[–5; 9]	(2) 2
d)	(1) 2; 22	[4; 20]	(2) 12
e)	(1) 3; 7	[1; 9]	(2) 5
f)	(1) –1; 7	[1; 5]	(2) 3

193

7. **a)** Länge 8,5 cm; Breite 0,5 cm
   b) $1{,}5\text{ cm} \le x \le 7{,}5\text{ cm}$
   c) $x = 4{,}5$ cm; $A = 20{,}25\text{ cm}^2$

8. **a)** $f(x) = (x - 6) \cdot x$ ist am kleinsten für $x = 3$
   b) $f(x) = x\,(2x - 1)$ ist am kleinsten für $x = \frac{1}{4}$

194

9. Streckenlänge: 3,25 cm;
   Flächeninhalt des Parallelogramms: $18{,}875\text{ cm}^2$

10. Streckenlänge: $\frac{a}{2}$;

    Flächeninhalt des einbeschriebenen Quadrats: $\frac{a^2}{2}$

11. 6,50 €

12. 40 €

13. S (12,5 | 261 250)
    Das Maximum der Einnahmen liegt bei einer Preissenkung von 12,50 € auf 47,50 € pro Abonnement.

14. $P\left(\frac{5}{3} \mid 2\right)$; $A = \frac{10}{3}$

15. $x = 3$

16. $f_1(x) - f_2(x) = -0{,}1(x - 2{,}5)^2 + 0{,}625$;
    $x = 2{,}5$

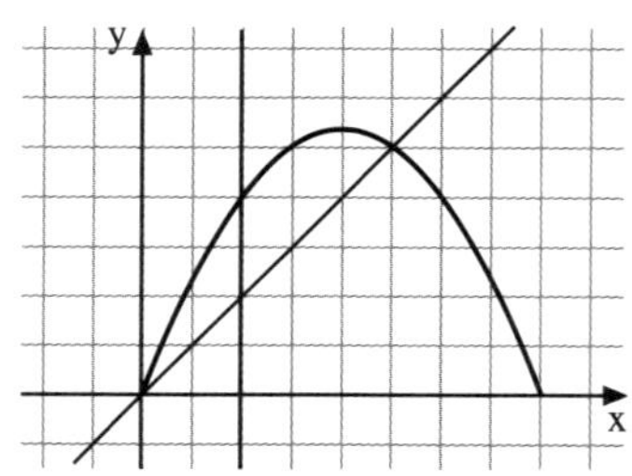

5.7 Lösen quadratischer Gleichungen – Verschiedene Wege

196

2. Bei der zweiten Lösung wird die Gleichung auf die Form $T_1 \cdot T_2 = 0$ gebracht, dieser Weg ist bei der vorliegenden Gleichung umständlicher.

3. **a)** $L = \{4; 2\}$
   b) $L = \{0{,}5; -1\}$
   c) $L = \{4{,}414; 1{,}586\}$
   d) $L = \{0; -9\}$
   e) $L = \{7\}$
   f) $L = \{\ \}$

197

4. **a)** kein Element: $r < 0$; ein Element: $r = 0$; zwei Elemente: $r > 0$
b) kein Element: $r < 0$; ein Element: $r = 0$; zwei Elemente: $r > 0$
c) kein Element: $r < 0$; ein Element: $r = 0$; zwei Elemente: $r > 0$

5. **a)** $L = \{17; -11\}$
b) $L = \{12; -3{,}75\}$
c) $L = \{8\}$
d) $L = \{4; -13\}$
e) $L = \{0; -4\}$
f) Fehler in der 1. Auflage: $x^2 + 10{,}8x - 63 = 0$
$L = \{4{,}2; -15\}$
g) $L = \{4; 3\}$
h) $L = \left\{\frac{-(\sqrt{33}+5)}{2}; \frac{\sqrt{33}-5}{2}\right\}$
i) $L = \{8; -6; 5\}$
j) $L = \left\{\frac{8}{3}; -1{,}2\right\}$
k) $L = \{\ \}$
l) $L = \{\ \}$
m) $L = \{0; -7\}$
n) $L = \{0; -2{,}8\}$
o) $L = \{2{,}4\}$

6. **a)** Diskriminante: -4; keine Lösung; $L = \{\ \}$
b) Diskriminante: $\frac{9}{4}$; zwei Lösungen; $L = \{10; 7\}$
c) Diskriminante: 0; eine Lösung; $L = \{-0{,}8\}$
d) Diskriminante: 1; zwei Lösungen; $L = \{1{,}6; -0{,}4\}$
e) Diskriminante: $-\frac{13}{50}$; keine Lösung; $L = \{\ \}$
f) Diskriminante: 0; eine Lösung; $L = \{-4{,}5\}$
g) Diskriminante: 9; zwei Lösungen; $L = \{6; 0\}$
h) Diskriminante: $\frac{1}{4}$; zwei Lösungen; $L = \{-2; -1\}$
i) Diskriminante: $-1{,}65$; keine Lösung; $L = \{\ \}$
j) Diskriminante: 52,5625; zwei Lösungen; $L = \{6; -8{,}5\}$
k) Diskriminante: 132,25; zwei Lösungen; $L = \{14; -9\}$
l) Diskriminante: 110,25; zwei Lösungen; $L = \{21; 0\}$
m) Diskriminante: 0; eine Lösung; $L = \left\{\frac{3}{20}\right\}$
n) Diskriminante: $\frac{289}{900}$; zwei Lösungen; $L = \left\{-\frac{3}{10}; \frac{5}{6}\right\}$
o) Diskriminante: -4; keine Lösung; $L = \{\ \}$

7. Falsch: Er versucht die Gleichung wie eine des Typs $T_1 \cdot T_2 = 0$ zu lösen, da dieser Typ nicht vorliegt, ist der Ansatz falsch. Teile der Ausführung ebenso. Richtig: $L = \left\{-\sqrt{5}+2; \sqrt{5}+2\right\}$.

8. **a)** $L = \left\{\frac{1}{2}; -\frac{1}{2}\right\}$
b) $L = \left\{0; -\frac{16}{9}\right\}$
c) $L = \{15; 2\}$
d) $L = \left\{-\frac{7}{2}; -4\right\}$
e) $L = \{5; -11\}$
f) $L = \{2; -2\}$
g) $L = \left\{\frac{12}{5}; 0\right\}$
h) $L = \{8; 1\}$
i) $L = \left\{7; -\frac{13}{3}\right\}$
j) $L = \{8; 3\}$
k) $L = \left\{\frac{5}{2}; -2\right\}$
l) $L = \left\{\frac{7}{2}; -\frac{2}{7}\right\}$

197 **9.** **a)** Vorzeichenfehler $-\left(-\frac{3}{2}\right)=\frac{3}{2}$ als Lösung der Gleichung ergibt sich:
$L=\{4;-1\}$.

b) Die Gleichung wurde nicht auf die Form $x^2+px+q=0$ gebracht. Daraus ergibt sich ein Fehler im Wurzelterm. Dieser müsste lauten
$\sqrt{\left(\frac{3}{2}\right)^2-10}$.
Die richtige Lösung der Gleichung ist $L=\{\ \}$.

c) Beim Anwenden der pq-Formel wurden p und q in der Gleichung vertauscht. Als richtige Lösung ergibt sich: $L=\left\{-3\sqrt{2}-5;\ 3\sqrt{2}-5\right\}$.

10. **a)** $x^2-15x=0$; $L=\{15;0\}$
b) $x^2+9x=0$; $L=\{0;-9\}$
c) $x^2-2{,}9x=0$; $L=\{2{,}9;0\}$
d) $x^2+6{,}5x=0$; $L=\{0;-6{,}5\}$
e) $x^2+26x=0$; $L=\{0;-26\}$
f) $x^2-x=0$; $L=\{1;0\}$

198 **11.** gesuchte Zahl: x

a) $x^2+5x=14$	($x^2-5x=14$
$x=2$ oder $x=-7$	$L=\{7;-2\}$
$L=\{2;-7\}$	
Die gesuchten Zahlen sind 2 und –7.	Die gesuchten Zahlen sind 7 und –2.)

b) [x](x + 6) = 7; $L=\{1;-7\}$; Die gesuchten Zahlen sind 1 und –7.
[x](x + 6) = –9; $L=\{-3\}$; Die gesuchte Zahl ist –3.
[x](x + 6) = –10; $L=\{\ \}$; Die gesuchte Zahl existiert nicht.

c) $9x^2=(x+25)^2$; $L=\{-6{,}25;12{,}5\}$
Die gesuchten Zahlen sind –6,25 und 12,5.

12. *Voraussetzungen:*
- Die Gleichung muss die Form $x^2-px+q=0$ haben.
- $\left(\frac{p}{2}\right)^2-q$ muss größer 0 sein.

13. Beim Teilen einer Gleichung durch die Variable muss auch der Fall, dass die Variable 0 ist, untersucht werden. Somit bietet sich 0 als zweite Lösung an. Dies wurde bei der Hausaufgabe vergessen. Die richtige Lösung der Gleichung ist: $L=\left\{\frac{2}{7};\ 0\right\}$.

198

14. a) - gemeinsame Punkte: (–4 | 16) und (–3 | 9)
- ein gemeinsamer Punkt:
$f(x) = -7x - 12{,}25$ Veränderung des Achsenabschnittes oder
$g(x) = \sqrt{48}x - 12$ Veränderung der Steigung.
allgemein: für die Gerade muss gelten $\left(\frac{m}{2}\right)^2 + b = 0$.
- kein gemeinsamer Punkt:
$f(x) = -7x + b;\ \ b < -\frac{49}{4}$ oder
$g(x) = mx - 12;\ \ -\sqrt{48} < m < \sqrt{48}$
Allgemein für die Gerade muss gelten $\left(\frac{m}{2}\right)^2 + b < 0$.

b) $y = 8x + 17$
$x^2 = 8x + 17$
$x^2 - 8x - 17$
$x_{1/2} = 4 \pm \sqrt{16 + 17} = 4 \pm \sqrt{33}$
Allgemeine Lösung siehe unter a).

15. a) (1) $y = 2x - 1$ oder $y = -2x - 1$
(2) $y = 2{,}5x - 1$ $\quad [y = -2{,}5x - 1]$
(3) $y = mx - 1$ mit $-2 < m < 2$
(4) $y = mx - 1$ mit $m < -2$ oder $m > 7$

b) (1) $y = -x - 0{,}25$
(2) $y = -x + 6$ $\left[y = -x - \frac{1}{4}\right]$
(3) $y = -x + b$ mit $b < -0{,}25$
(4) $y = -x + b$ mit $b > -0{,}25$

16. a) (1) Für $a = |4|$: $g(x) = x^2 + 4x + 4$ oder $g(x) = x^2 - 4x + 4$
(2) Für $a > |4|$, also für $a < -4$ oder $a > 4$: $g(x) = x^2 + ax + 4$
(3) Für $a < |4|$, also für $-4 < a < 4$: $g(x) = x^2 + ax + 4$

b) (1) Für $a = -1$: $g(x) = x^2 + 2x + 1$
(2) Für $a > -1$: $g(x) = x^2 + 2x - a$
(3) Für $a < -1$: $g(x) = x^2 + 2x - 1$

17. $ax^2 + 4x + 7 = 0;\ \ a > \frac{4}{7}$
$-3x^2 + ax + 7 = 0 \qquad x_{1/2} = \frac{a}{6} \pm \sqrt{\frac{a^2}{36} + \frac{7}{3}}$
$\left[-3x^2 + 4x + a = 0;\ a < -\frac{4}{3}\right]$ immer zwei Lösungen

198

18. **a)** $x^2 + 4a = 0$
$a = 1$: $L = \{0\}$
$a = 0$: $L = \{0\}$
$a = -4$: $L = \{-2; 2\}$

b) zwei Lösungen: $\mathbb{R}^-$
eine Lösung: 0
keine Lösung: $\mathbb{R}^+$

c) $a = -9$

19. **a)** x^2
$m > 0$ zwei Lösungen
$m = 0$ eine Lösung
$m < 0$ keine Lösung

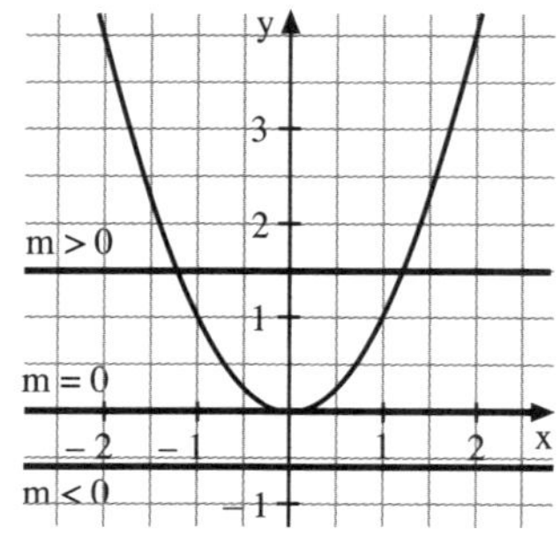

b) Normalparabel und Gerade haben stets zwei Schnittpunkte. Einen weil beide die Koordinaten (0 | 0) haben, einen weil die Parabel zunächst schwächer und dann stärker steigt als die Gerade.

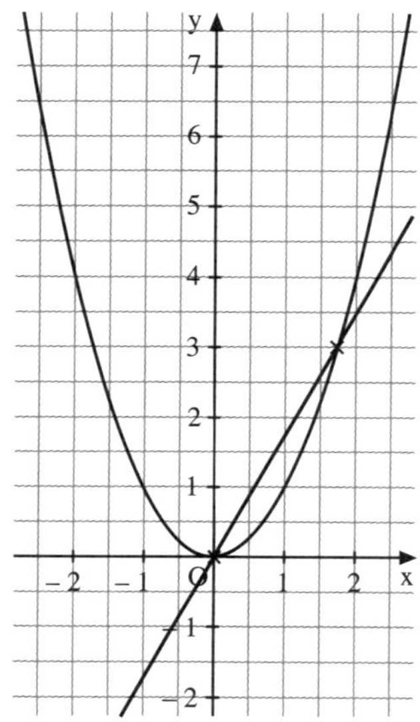

c) keine Lösung: $|m| < 2$
eine Lösung: $|m| = 2$
zwei Lösungen: $|m| > 2$

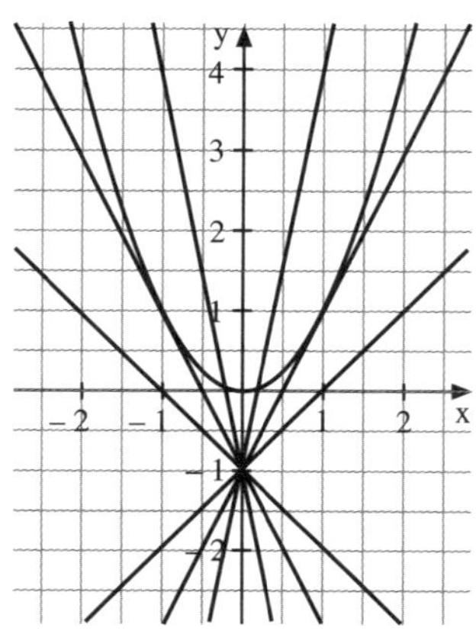

5.8 Modellieren – Anwenden von quadratischen Gleichungen

200

1. $x^2 = 1{,}8(2-x)$ mit $0 < x < 1{,}8$;
$L = \{-3;\ 1{,}2\}$
Die Quadratseite ist 1,2 cm lang.

2. **a)** $\frac{1}{2}x(x-3) = 44$ mit $x > 0$; $L = \{-8;\ 11\}$
[$\frac{1}{2}x(x-3) = 35$ mit $x > 0$; $L = \{-7;\ 10\}$]
[$\frac{1}{2}x(x-3) = 135$ mit $x > 0$; $L = \{-15;\ 18\}$]
Das Vieleck hat 11 [10; 18] Seiten.
b) $\frac{1}{2}x(x-3) + x = 120$ mit $x > 0$; $L = \{-15;\ 16\}$

3. **a)** $(x+1)^3 = x^3 + 127$ mit $x > 0$; $L = \{-7;\ 6\}$
Die ursprüngliche Seitenlänge betrug 6 cm.
b) $6(2x+1)^2 = 6x^2 + 576$ mit $x > 0$; $L = \left\{-\frac{19}{3};\ 5\right\}$
Die ursprüngliche Seitenlänge betrug 5 cm.

4. **a)** $(6-x)(5-x) = \frac{2}{3}\cdot 6\cdot 5$ mit $0 < x < 5$; $L = \{1;\ 10\}$
[$(6+x)(5+x) = 3\cdot 6\cdot 5$ mit $x > 0$; $L = \{-15;\ 4\}$]
Die neuen Seitenlängen sind 5 cm und 4 cm [10 cm und 9 cm].
b) $2(6+x) + 2(5+y) = 2\cdot 6 + 2\cdot 5 + 1$, also $y = \frac{1}{2} - x$
Für den Flächeninhalt erhält man: (6 + x) (5 + y) = 30, also
$(6+x)\left(\frac{11}{2} - x\right) = 30$; $L = \{-2;\ 1{,}5\}$
Man kann die längere Seite um 2 cm verkürzen und die kürzere Seite um 2,5 cm verlängern, oder man kann die längere Seite um 1,5 cm verlängern und die kürzere um 1 cm verkürzen.
In beiden Fällen erhält man für die neuen Seitenlängen 4 cm und 7,5 cm.
[$2(6+x) + 2(5+y) = 2\cdot 6 + 2\cdot 5 + \frac{1}{3}$, also $y = \frac{1}{6} - x$
Für den Flächeninhalt erhält man: (6 + x) (5 + y) = 30, also
$(6+x)\left(\frac{31}{6} - x\right) = 30$; $L = \left\{-1{,}5;\ \frac{2}{3}\right\}$
Man kann die längere Seite um 1,5 cm verkürzen und die kürzere um $\frac{5}{3}$ cm verlängern, oder man kann die längere Seite um $\frac{2}{3}$ cm verlängern und die kürzere um $\frac{1}{2}$ cm verkürzen.
In beiden Fällen erhält man für die neuen Seitenlängen 4,5 cm und $6\frac{2}{3}$ cm].

200

5. **a)** $x^2 = 5x + 14$ mit $x > 0$; $L = \{-2; 7\}$
[$x^2 = 5x + 24$ mit $x > 0$; $L = \{-3; 8\}$]
Die Seitenlänge der Grundfläche beträgt 7 cm [8 cm].
b) $2x^2 + 20x = 48$ mit $x > 0$; $L = \{-12; 2\}$
[$2x^2 + 20x = 288$ mit $x > 0$; $L = \{-18; 8\}$]
[$2x^2 + 20x = 112$ mit $x > 0$; $L = \{-14; 4\}$]
Die Seitenlänge der Grundfläche beträgt 2 cm [8 cm; 4 cm].

6. **a)** $x\left(\frac{23}{2} - x\right) = 30$; $L = \{4; 7{,}5\}$ $x > 0$
Die Seitenlängen sind 4 cm und 7,5 cm.
b) $x\,(x - 1{,}2) = 17{,}28$; $L = \{-3{,}6; 4{,}8\}$ $x > 0$
Die Seitenlängen sind 4,8 cm und 3,6 cm lang.

201

7. $2x(x - 5) = x^2 + 24$ mit $x > 0$; $L = \{-2; 12\}$
Die Seitenlänge beträgt 12 cm.

8. $x^2 + (4 - x)(3 - x) = 7$; $L = \{1; 2{,}5\}$
Die Quadratseite kann entweder 1 m oder 2,5 m lang sein. Da aber die Quadratseite kürzer als die Rechteckseite sein soll ($x < 4 - x$ und $x < 3 - x$) kommt nur $x = 1$ m als Lösung in Frage.

9. **a)** $(5 - x)^2 + x^2 = 17{,}62$; $L = \left\{\frac{9}{10}; \frac{41}{10}\right\}$
b) $(5 - x)^2 + 2x^2 = 17{,}32$; $L = \left\{\frac{6}{5}; \frac{32}{15}\right\}$
c) $(5 - 2x)^2 + 4x^2 = 14{,}92$; $L = \left\{\frac{7}{10}; \frac{9}{5}\right\}$

10. $\frac{1}{2}n(n - 1) = 78$ mit $n > 0$; $L = \{-12; 13\}$
Die Anzahl der Geraden beträgt 13.

11. $u \cdot v = 50$; $u^2 = 2a^2$ und $v^2 = 2(10 - a)^2$, also $10a - a^2 = 25$; $L = \{5\}$
P halbiert die Seite des Quadrates.
[$u \cdot v = 25$; $u^2 = 2a^2$ und $v^2 = 2(10 - a)^2$, also $10a - a^2 = 12{,}5$;
$L = \left\{5 + \sqrt{12{,}5}; 5 - \sqrt{12{,}5}\right\}$
P ist ungefähr 1,5 cm von A entfernt.]
Die Seitenlängen betragen $u = \sqrt{50}$ cm $\approx 7{,}1$ cm und
$v = \sqrt{50}$ cm $\approx 7{,}1$ cm.
[$u = \left(75 - 20\sqrt{12{,}5}\right)$ cm $\approx 2{,}1$ cm; $v = \left(75 + 20\sqrt{12{,}5}\right)$ cm $\approx 12{,}1$ cm]

201 **12.** **a)** $119 - x = x \cdot \left(1 + \frac{119-x}{100}\right)$

$x \approx 43{,}14$

Das Pferd hat ungefähr 43 Reichsthaler gekostet.

b) $(p \cdot 10p) \cdot \frac{2p}{100} \cdot \frac{1}{100} \cdot 2\frac{2}{9} = p$

$p = 15$

Es sind 15 Kaufleute.

Auf den Punkt gebracht: Näherungslösungen und exakte Lösungen

202 **1.** Keine Lösungen

203 **2.** Keine Lösungen

3. Keine Lösungen

5.9 Methode der Substitution – Biquadratische Gleichungen

205 **1.** **a)** $\left(x^2 - 5\right)^2 = 16:$ $\quad L = \{-3; -1; 3; 1\}$

$\left(x^2 - 4\right)^2 = 16:$ $\quad L = \left\{-2 \cdot \sqrt{2};\ 0;\ 2 \cdot \sqrt{2}\right\}$

$\left(x^2 - 3\right)^2 = 16:$ $\quad L = \left\{-\sqrt{7};\ \sqrt{7}\right\}$

$\left(x^2 + 4\right)^2:$ $\quad L = \{0\}$

$\left(x^2 + 5\right)^2:$ $\quad L = \{\ \}$

b) Jede biquadratische Gleichung kann durch Substitution in eine quadratische Gleichung umgewandelt werden. Diese hat höchstens zwei Lösungen. Aus jeder ihrer Lösungen erhält man beim Resubstituieren höchstens zwei Lösungen der biquadratischen Gleichungen, also insgesamt höchstens $2 \cdot 2 = 4$ Lösungen.

2. **a)** biquadratisch: $L = \{-3; 0; 3\}$
b) nicht biquadratisch: $L = \{-1{,}886; 1{,}32\}$
c) nicht biquadratisch: $L = \{-2; 0; 3\}$
d) biquadratisch: $L = \{-2; -1; 1; 2\}$

3. **a)** $L = \{-10; 10\}$; $L = \{-0{,}3; 0{,}3\}$
b) $L = \{0\}$; $L = \{-1; 0; 1\}$
c) $L = \{-1; -5\}$; $L = \{-5\}$
d) $L = \{0\}$; $L = \{4; 0; -4\}$

205

4. **a)** $L = \{5; 0; -5\}$; $L = \{0{,}2; 0; -0{,}2\}$
b) $L = \{-3; -1; 1; 3\}$; $L = \left\{-\sqrt{15};\ -1;\ \sqrt{15};\ 1\right\}$
c) $L = \{-3; -2; 2; 3\}$; $L = \{\ \}$
d) $L = \{-5; 5\}$; $L = \{-5; -1; 1; 5\}$

5. x = Länge einer Kathete

$$x^2 + \left(\frac{240}{x}\right)^2 = 26^2$$

$x = 24$ oder $x = 10$ oder $x = -10$ oder $x = -24$
Die Katheten sind 24 cm und 10 cm lang.

5.10 Satz von Vieta und seine Anwendungen

207

1. **a)** $x^2 - 8x + 15 = 0$ **c)** $x^2 + 8x + 16 = 0$ **e)** $x^2 + 6x = 0$
b) $x^2 - 5x - 24 = 0$ **d)** $x^2 + 9x + 14 = 0$ **f)** $x^2 = 0$

2. **a)** nein; $x^2 - 6x - 16 = 0$
b) ja
c) ja
d) nein; $x^2 + 5x + 6 = 0$ bzw. $2x^2 + 10x + 12 = 0$

208

3. **a)**

$x_1 \cdot x_2$	x_1	x_2	$-(x_1 + x_2)$
−12	1	−12	11
−12	−1	12	−11
−12	2	−6	4
−12	−2	6	−4
−12	3	−4	1
−12	−3	4	−1
−12	4	−3	−1
−12	−4	3	1
−12	6	−2	−4
−12	−6	2	4
−12	12	−1	−11
−12	−12	1	11

$L = \{-3; 4\}$

208

3. b)

$x_1 \cdot x_2$	x_1	x_2	$-(x_1 + x_2)$
–16	1	–16	15
–16	–1	16	–15
–16	2	–8	6
–16	–2	8	–6
–16	4	–4	0
–16	–4	4	0

$D = \left(\frac{p}{2}\right)^2 - q$; $D = 41$; Es gibt zwei Lösungen, aber keine ganzzahlige;

$L = \left\{-5 - \sqrt{41}; -5 + \sqrt{41}\right\}$

4. a) $L = \{-6; -4\}$
b) $L = \left\{-\frac{1}{3}\right\}$
c) $L = \{-7; -5\}$
d) $L = \left\{-\frac{4}{5}; 2\right\}$
e) $L = \{-7; -2\}$
f) $L = \left\{\frac{1}{2}; \frac{3}{2}\right\}$
g) $L = \{-3; 5\}$
h) $L = \left\{\frac{1}{3}; \frac{1}{2}\right\}$

5. a) $x^2 - 2x - 15 = 0$
$x^2 + 2x - 15 = 0$
b) $x^2 + 11x + 28 = 0$
$x^2 - 11x + 28 = 0$
c) $x^2 + 10x + 25 = 0$
$x^2 - 2\sqrt{3}x + 3 = 0$
d) $x^2 + x + \frac{6}{25} = 0$
$x^2 - 3,6x + 0,68 = 0$
e) $x^2 - 2x - 2 = 0$
$x^2 + 6x + 7 = 0$

6. a) $x^2 - 2x - 35 = 0$; $L = \{-5; 7\}$
b) $x^2 - 2x - 99 = 0$; $L = \{-9; 11\}$
c) $x^2 - 2x - 1,25 = 0$; $L = \{-0,5; 2,5\}$
d) $x^2 - 2x + 0,96 = 0$; $L = \{0,8; 1,2\}$
e) $x^2 - 2x + 0,36 = 0$; $L = \{0,2; 1,8\}$

7. a) $p = -\frac{16}{2} = -8$; $q = 15$; $x^2 - 8x + 15 = 0$; $L = \{3; 5\}$
Die Seiten sind 3 cm und 5 cm lang.
b) $p = -\frac{30}{2} = -15$; $q = 55,25$; $x^2 - 15x + 55,25 = 0$; $L = \{6,5; 8,5\}$
Die Seiten sind 6,5 dm und 8,5 dm lang.

8. a) nein; $x^2 + 10x + 21 = 0$
b) ja
c) ja
d) nein; $x^2 + 6,2x + 6 = 0$
e) ja
f) ja
g) nein; $2y^2 + 29,6y = 6$
h) nein; $z^2 + 5z + \frac{25}{4} = 0$
i) ja

208 **9.** **a)** $p=-\frac{3}{2};\ x_2=-\frac{5}{2}$ **d)** $p=-\frac{1}{2};\ x_2=\frac{4}{5}$

b) $p=\frac{20}{3};\ x_2=-6$ **e)** $q=-\frac{31}{48};\ x_2=\frac{31}{36}$

c) $p=\frac{1}{12};\ x_2=\frac{3}{4}$ **f)** $q=-\frac{1}{2};\ x_2=-\frac{3}{4}$

10. **a)** $L=\{-1; 9\}$ **c)** $L=\{-5; -1\}$ **e)** $L=\{-5; 2\}$ **g)** $L=\{-6; -3\}$
b) $L=\{2; 19\}$ **d)** $L=\{-4; 7\}$ **f)** $L=\{1; 10\}$ **h)** $L=\{-5; 8\}$

11. Aus $q = x_1 \cdot x_2 > 0$ folgt entweder $x_1 > 0$ und $x_2 > 0$ oder $x_1 < 0$ und $x_2 < 0$.
Die Lösungen sind also beide positiv und beide negativ.
[Aus $q = x_1 \cdot x_2 < 0$ folgt entweder $x_1 < 0$ und $x_2 > 0$ oder $x_1 > 0$ und $x_2 < 0$.
Die Lösungen haben also verschiedene Vorzeichen.]
Aus $p = -(x_1 + x_2) > 0$, also $x_1 + x_2 < 0$ folgt, dass entweder x_1 und x_2 beide negativ sind, oder die Lösung mit dem größeren Betrag negativ ist.
In beiden Fällen ist also die Lösung mit dem größeren Betrag negativ.
[Aus $p = -(x_1 + x_2) < 0$, also $x_1 + x_2 > 0$ folgt, dass entweder x_1 und x_2 beide positiv sind, oder die Lösung mit dem größeren Betrag positiv ist.
In beiden Fällen ist also die Lösung mit dem größeren Betrag positiv.

5.11 Optimierung mit Quadraten: Regression

211 **1.** **a)**

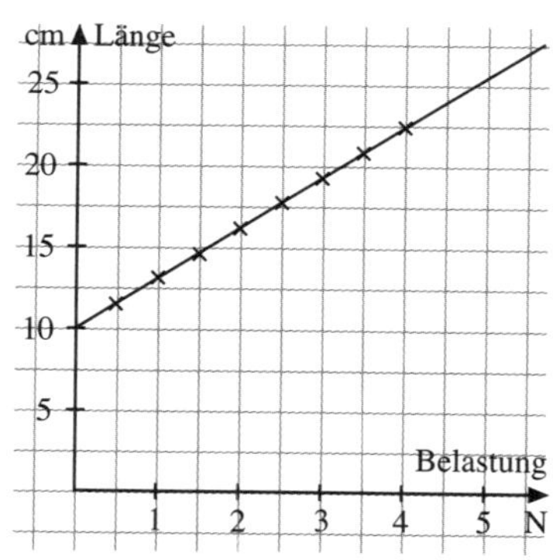

b) Wir wählen z. B. die Werte P_1 (0,5 | 11,5), P_2 (2,0 | 16,3) und P_3 (4,0 | 22,4).
Für diese drei Punkte erhalten wir als Differenz der y-Werte:
Für P_1 : 11,5 – (0,5 m + b)
Für P_2 : 16,3 – (2,0 m + b)
Für P_3 : 22,4 – (4,0 m + b)

211

1. b) Fortsetzung

Die Summe der Differenzen soll 0 ergeben.

Daraus erhalten wir:

$b = -2\frac{1}{6}m + 16\frac{11}{15}$

Damit erhalten wir die Geradengleichung:

$y = m\left(x - 2\frac{1}{6}\right) + 16\frac{11}{15}$

Wir bilden nun die Summe der Differenzenquadrate für alle drei Messpunkte:

$$\begin{aligned} p(m) &= \left[11{,}5 - \left(m \cdot \left(0{,}5 - 2\tfrac{1}{6}\right) + 16\tfrac{11}{15}\right)\right]^2 \\ &\quad + \left[16{,}3 - \left(m \cdot \left(2{,}0 - 2\tfrac{1}{6}\right) + 16\tfrac{11}{15}\right)\right]^2 \\ &\quad + \left[22{,}4 - \left(m \cdot \left(4{,}0 - 2\tfrac{1}{6}\right) + 16\tfrac{11}{15}\right)\right]^2 \\ &= 6\tfrac{1}{6}m^2 - 38\tfrac{11}{30}m + 59\tfrac{103}{150} \\ &= 6\tfrac{1}{6} \cdot \left[m^2 - \tfrac{1151}{185}m\right] + 59\tfrac{103}{150} \\ &= 6\tfrac{1}{6} \cdot \left[m^2 - \tfrac{1151}{185}m + \left(\tfrac{1151}{370}\right)^2\right] + 59\tfrac{103}{150} - \tfrac{1}{6} \cdot \left(\tfrac{1151}{370}\right)^2 \\ &= 6\tfrac{1}{6} \cdot \left(m - \tfrac{1151}{370}\right)^2 + \tfrac{81}{7400} \end{aligned}$$

Der Scheitelpunkt der Parabel liegt bei $S\left(3\frac{41}{370} \middle| \frac{81}{7400}\right)$, also näherungsweise S(3,111 | 0,011).

Für $m = 3\frac{41}{370}$ ist die Summe der Fehlerquadrate minimal.

Die Regressionsgerade hat also die Steigung $m = 3\frac{41}{370}$ und somit die Funktionsgleichung:

$y = 3\frac{41}{370}x - 2\frac{1}{6} \cdot 3\frac{41}{370} + 16\frac{11}{15} = 3\frac{41}{370}x + 9\frac{147}{148}$;

also näherungsweise $y \approx 3{,}111x + 9{,}993$

c) Mit dem GTR erhält man bei Berücksichtigung aller Messpunkte zum Beispiel folgendes Ergebnis.

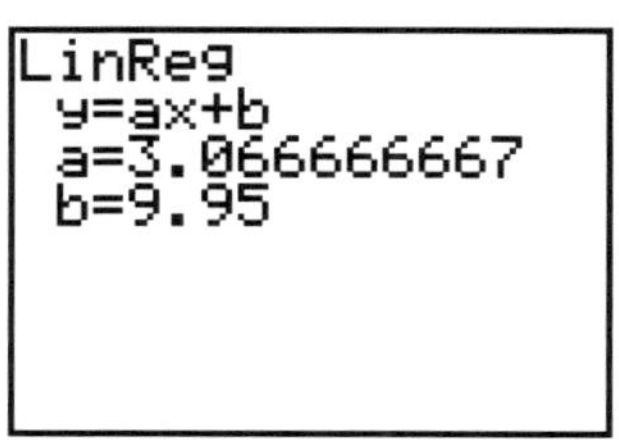

211 **2.**

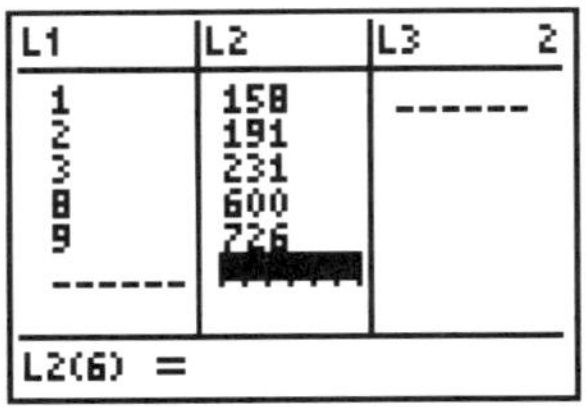

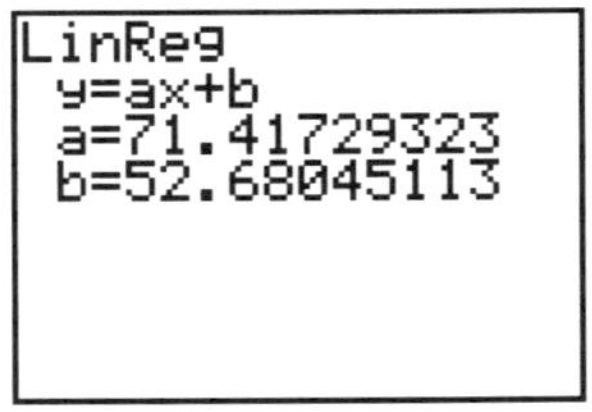

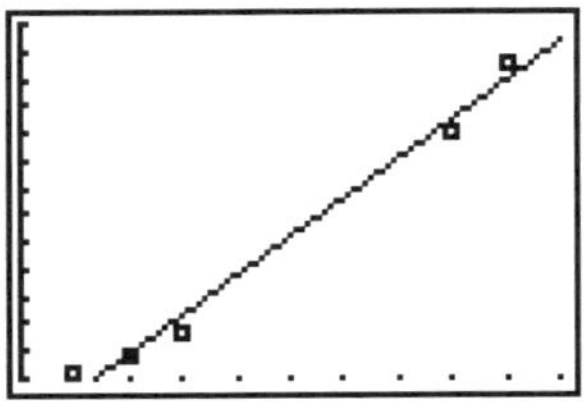

3. **a)**

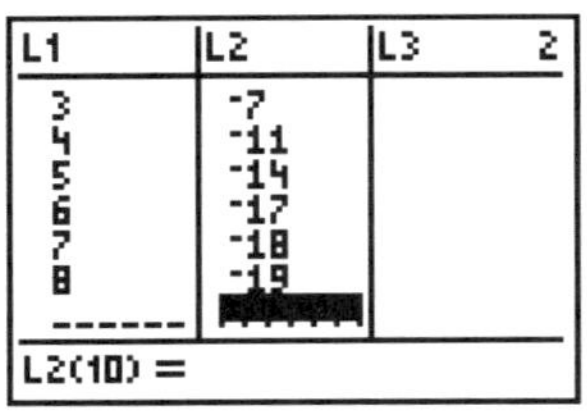

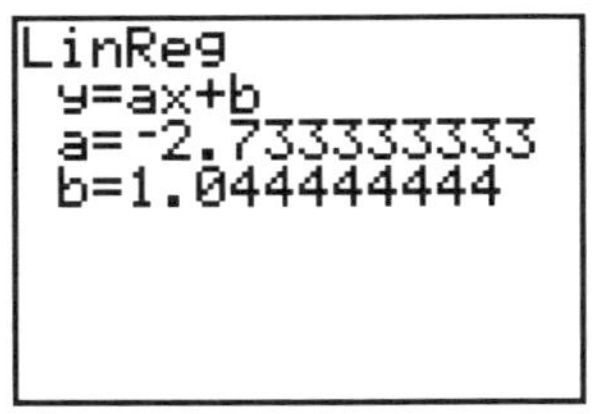

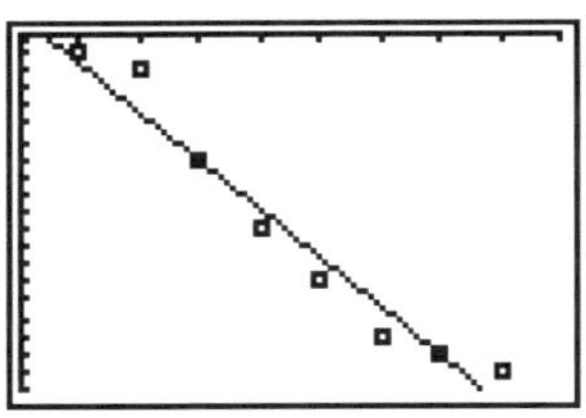

b) Ungefähr −26°C

Im Blickpunkt: Parabeln im Sport – Quadratische Regression

212 **1.**

Land	Höchster Punkt	Weite (in m)
USA	S (9,69 ǀ 6,21)	$x_N = 21,67$
Polen	S (8,60 ǀ 5,27)	$x_N = 19,98$
Ungarn	S (8,70 ǀ 5,52)	$x_N = 19,93$
Deutschland	S (8,82 ǀ 5,07)	$x_N = 20,41$

2. Die Punkte liegen etwa auf einer nach unten geöffneten Parabel. Der Scheitelpunkt liegt etwa bei S (3 ǀ 4,1). Die Parabel wird ungefähr durch die Funktionsgleichung $-0,27x^2 + 1,5x + 2$ beschrieben.

212 **3.** Die Flugbahn kann nicht durch eine Parabel beschrieben werden.

213 **4. a)** $f(0) = 2,45 + 0,05 = 2,50$ (in m), daraus folgt

$f(x) = ax^2 + 2,50$ mit

$f(-1) = 60\% \cdot 1,93$ ergibt sich

$a = -1,342$

$f(x) = -1,342x^2 + 2,50$

b) f (0,20) = 2,45; f (–0,20) = 2,45
Bei einer um 20 cm nach vorn oder hinten verschobenen Absprungstelle erreicht der Springen nur noch eine Lattenhöhe von
(2,45 – 0,05) m = 2,40 m.

5. -

5.12 Quadratwurzelfunktion

216 **2. a)** Graph wie auf Seite 216, Information (2)
b) (1) 0,7 (2) 1,30 (3) 1,70 (4) 2,05 (5) 2,63

3. $\sqrt{x} > 10$ für $x > 100$; $\sqrt{x} > 100$ für $x > 10\,000$;
$\sqrt{x} > 1\,000$ für $x > 1\,000\,000$; $\sqrt{x} > 10\,000$ für $x > 100\,000\,000$

4. Der Graph ist ähnlich.
Die Quadratwurzelfunktion wurde gestreckt mit Faktor 0,5 (2 und 4).

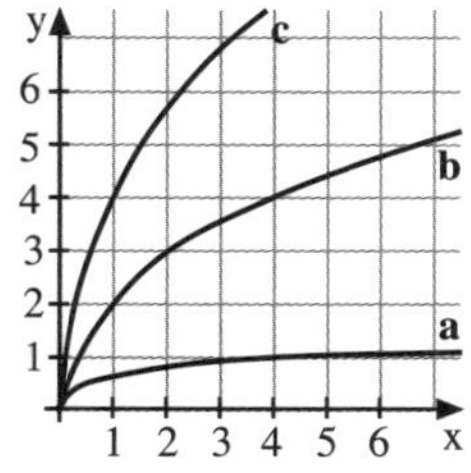

5. Da der Streckungsfaktor kleiner 0 ist, ist der Graph zusätzlich zur Streckung an der x-Achse gespiegelt.

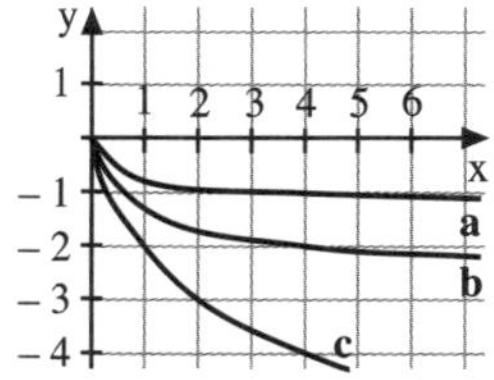

216

6. a)

x (in $\frac{km}{h}$)	$y_{(1)}$ (in m)	$y_{(2)}$ (in m)	$y_{(3)}$ (in m)
10	0,9	1,3	0,8
20	3,6	5,2	3,2
30	8,1	11,7	7,2
40	14,4	20,8	12,8
50	22,5	32,5	20,0
60	32,4	46,8	28,8
70	44,1	63,7	39,2
80	57,6	83,2	51,2

b) (1) 47,1 $\frac{km}{h}$ [52,7 $\frac{km}{h}$; 57,7 $\frac{km}{h}$] (gerundet)

(2) 39,2 $\frac{km}{h}$ [43,9 $\frac{km}{h}$; 48 $\frac{km}{h}$] (gerundet)

(3) 50 $\frac{km}{h}$ [55,9 $\frac{km}{h}$; 61,2 $\frac{km}{h}$] (gerundet)

7. $x_1 = 5{,}598$; $x_2 = 0{,}402$

8. a) $D_f = \left\{x \in \mathbb{R} \mid x \geq -\frac{2}{5}\right\}$; $x_1 = -\frac{2}{5}$; $f(0) = \sqrt{2}$; steigend; keine Symmetrie

b) $D_f = \left\{x \in \mathbb{R} \mid x \geq 0\right\}$; keine Lösung; $f(0) = 2$; steigend; keine Symmetrie

c) $D_f = \left\{x \in \mathbb{R} \mid x \geq 10\right\}$; keine Lösung; $f(0)$ nicht definiert; steigend; keine Symmetrie

d) $D_f = \left\{x \in \mathbb{R} \mid x \geq 0\right\}$; $x_1 = \frac{225}{16} \approx 14{,}06$; $f(0) = -3$; steigend; keine Symmetrie

5.13 Geometrisches Erzeugen von Parabeln

218

2. -

3. Konstruktion wie in Aufgabe 1 auf Seite 217 des Schülerbandes.

a) $y = \frac{1}{2}x^2$ **b)** $y = \frac{1}{8}x^2$ **c)** $y = \frac{1}{12}x^2$

219

4. a) $B\left(0 \middle| \frac{1}{4}\right)$ Luftlinie mit der Gleichung $y = -\frac{1}{4}$

b) $B\left(0 \middle| 1{,}5\right)$ Luftlinie mit der Gleichung $y = -1{,}5$

c) $B\left(0 \middle| \frac{1}{8}\right)$ Luftlinie mit der Gleichung $y = -\frac{1}{8}$

d) $B\left(0 \middle| -\frac{3}{8}\right)$ Luftlinie mit der Gleichung $y = \frac{3}{8}$

219

5. Der Faden muss genauso lang sein wie die Kante $\overline{EL}$ des Zeichendreiecks. Das Lineal muss festgehalten werden und an seiner Kante das Zeichendreieck so verschoben werden, dass der Faden stets straff gespannt ist.

Dann gilt: $|BP| = \text{Fadenlänge} - |EP|$

$= |EL| - |EP|$

$= |LP|$

Der Punkt P ist also vom Brennpunkt B und von der Luftlinie gleich weit entfernt, liegt also auf einer Parabel.

6. a) Der Schnittpunkt wandert auf einer parabelförmigen Bahn durch die Punkte A und B. Die Kurve ist nach unten geöffnet und hat den höchsten Punkt auf der Mittelsenkrechten zu $\overline{AB}$.

b) Wir legen den Ursprung des Koordinatensystems auf den Mittelpunkt der Strecke $\overline{AB}$. Die x-Achse ist die Gerade AB, die y-Achse die Mittelsenkrechte zu $\overline{AB}$.

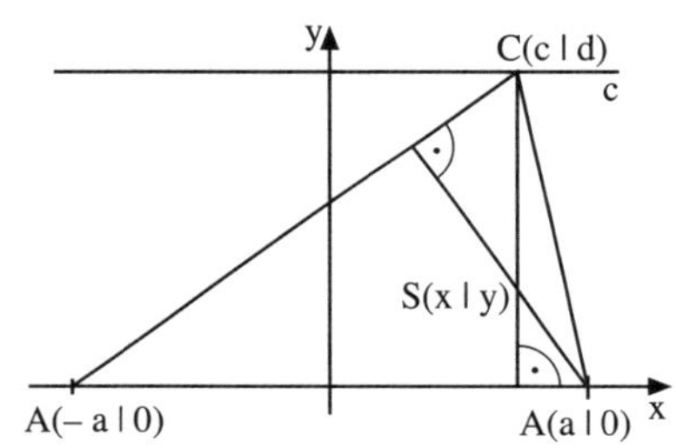

Die Punkte A, B und C haben die Koordinaten A (– b I 0), B (b I 0), C (c I d). Die Parallele zu AB durch C hat die Gleichung y = d. Die Höhe durch den Punkt C hat die Gleichung x = c.

Die Gerade AC hat die Steigung $m_{AC} = \frac{d-0}{c+a} = \frac{d}{c+a}$.

Die Gerade BS ist orthogonal zur Geraden AC, hat also die Steigung $m_{BS} = -\frac{1}{m_{AC}} = -\frac{c+a}{d}$ und die Gleichung $y = -\frac{c+a}{d}x + \frac{a(a+c)}{d}$.

Für den Schnittpunkt dieser Geraden mit der Höhe durch C ergibt sich für c = x.

$y = -\frac{x+a}{d} \cdot x + \frac{a(ax)}{d} = -\frac{1}{d}x^2 + \frac{a^2}{d}$

Man erhält die Gleichung einer mit dem Faktor $-\frac{1}{d}$ gestreckten nach unten geöffneten Parabel mit dem Scheitelpunkt $S\left(0 \middle| \frac{a^2}{d}\right)$.

219

7. **a)** -
b) Es entsteht eine Gerade, die parallel zur y-Achse ist.
c) Das Dreieck ABC hat die Hypotenusenabschnitte $\overline{BO}$ mit $|BO| = 1$ und $\overline{OA}$ mit $|OA| = y$ sowie die Höhe $\overline{OC}$ mit $|OC| = x$.
Nach dem Höhensatz des Einblicks gilt die Gleichung $|BO| \cdot |OA| = |OC|^2$, also $1 \cdot y = x^2$.
Man erhält die Gleichung der Normalparabel.
Der Punkt S wandert also auf einer Normalparabel.

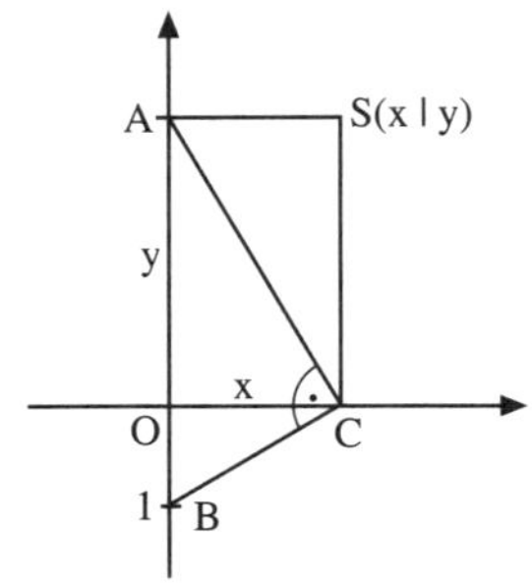

8. **a)** -
b) Verschiebt man B nach oben, wird die Parabel breiter.
Verschiebt man B seitlich, verschiebt sich die Parabel ebenso seitlich.
c) Nein, da von der Raute nur die Diagonale benötigt wird. Die Lage der Diagonalen bei gegebenen Punkten B und D ist bei allen Punkten gleich.

5.14 Aufgaben zur Vertiefung

220

1. **a)**

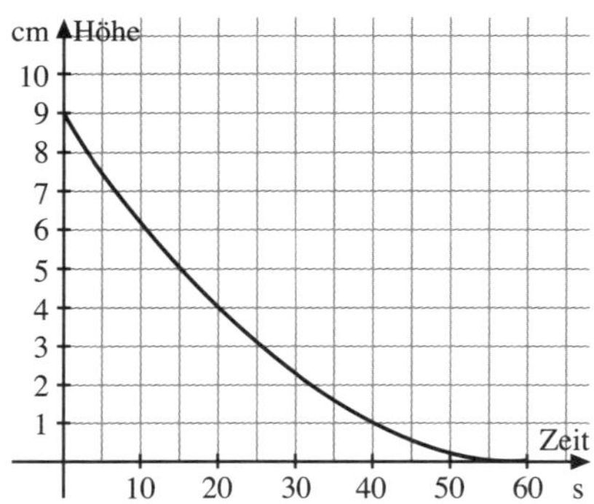

b) 20,25 cm

2. **a)** 124,8 m; 6,24 s **b)** 5,12 s; 131,072 m **c)** 1,09 s; 9,15 s (gerundet)

3. Für das mittlere Koordinatensystem ergeben sich folgende Parabelgleichungen:
für 2 m (Normallage): $f_1(x) = -0{,}001472x^2 + 2$
für 6,50 m (Mittellage): $f_2(x) = -0{,}004784x^2 + 6{,}5$
für 11 m (Hochlage): $f_3(x) = -0{,}008096x^2 + 11$